职业教育公共基础课新形态系列教材

新编高等应用数学基础

主　编　刘兰明　张　莉　杨建法

副主编　孙　静　李晋芳

电子工业出版社

Publishing House of Electronics Industry

北京·BEIJING

内 容 简 介

本书主要内容包括函数、极限、导数及其应用、一元函数的积分及其应用、微分方程初步。针对教学与学习，本书开发了全面、实用的开放式"高等数学"课程资源，其中重要资源之一就是创新性的微课。这些资源为在线学习者提供了媒体素材丰富、结构设计巧妙、动画制作精良，有很强趣味性、可视性、时代性的在线课程。

本书可作为高等职业院校公共基础课程"高等数学"的教材，也可作为成人高校及相关人员的参考用书。

图书在版编目（CIP）数据

新编高等应用数学基础/刘兰明，张莉，杨建法主编. —北京：电子工业出版社，2020. 6
ISBN 978-7-121-37640-5

Ⅰ. ①新… Ⅱ. ①刘…②张…③杨… Ⅲ. ①应用数学—高等职业教育—教材 Ⅳ. ①O29

中国版本图书馆 CIP 数据核字（2019）第 233128 号

责任编辑：朱怀永
印　　刷：涿州市京南印刷厂
装　　订：涿州市京南印刷厂
出版发行：电子工业出版社
　　　　　北京市海淀区万寿路 173 信箱　邮编 100036
开　　本：787×1092　1/16　印张：13.5　字数：345 千字
版　　次：2020 年 6 月第 1 版
印　　次：2021 年 7 月第 2 次印刷
定　　价：42. 80 元

凡所购买电子工业出版社图书有缺损问题，请向购买书店调换。若书店售缺，请与本社发行部联系，联系及邮购电话：（010）88254888，88258888。

质量投诉请发邮件至 zlts@ phei. com. cn，盗版侵权举报请发邮件至 dbqq@ phei. com. cn。

本书咨询联系方式：（010）88254609，zhy@ phei. com. cn，QQ80439705。

前 言

教育部发布的《关于职业院校专业人才培养方案制订与实施工作的指导意见》中明确了职业院校的培养目标，规范了课程设置，同时也提出了具体的实施要求，尤其指出了公共基础课程的重要地位和作用，所以职业院校必须加强和改进公共基础课程教学，严格教学管理，必须保证学生修完公共基础必修课程的内容和总学时数。在职业教育中公共基础课程与专业技能课程是相互融通、共同进退的，它服务于职业教育，支撑职业教育，它更是学生们今后可持续发展的奠基石，所以它也直接影响职业教育的教学质量。

"高等数学"是高等职业教育相关专业学生必修的一门重要的公共基础课程。它对于学生认识数学与自然界、数学与人类社会的关系，认识数学的科学价值、文化价值，提高提出问题、分析和解决问题的能力，形成理性思维，发展智力和创新意识具有基础性的作用。该课程有助于学生了解数学知识的起源，发现数学的应用之美，增强应用数学意识，形成解决实际问题的能力。

"高等数学"作为高等职业教育一门重要的公共基础课程，其必要性虽然显而易见，但是也不断面临着新的问题，

一是学生最难理解的课程。由于生源素质的逐年变化及生源水平的参差不齐，再加上有些学生学习能力的下降，导致有些学生认为数学的应用性不强，不如学习专业课程更为直接，很难理解枯燥的理论，学习动力不足，最终造成挂科人数较多。

二是教师最难展示的课程。由于数学教学需要培养学生的逻辑思维能力和空间想象力，传统的教学讲解形式较为单一，难度相对较高。同时，教师可以参考使用的图片、视频和动画及线上线下资源匮乏，担心内容讲解后发挥作用不够，讲多了时间不允许，因而有时会使教师感到无所适从、流于形式，放弃了深入挖掘和展示的可能性。

三是课改最难创新的课程。近十年，高职教育教学改革整体走在传统普通高等教育和职业教育的前列。在培养模式、教学模式、课程模式、专业建设等方面都探索并最后形成许多成果，强化了高职教育特色，提高了人才培养质量。比较而言，数学受传统教学理念的禁锢，不易接受最新的混合式教学方式，不易接受更为开放的教学环境，所以造成了课改研究进展缓慢，实效性并不明显。

针对以上情况，我们开发了全面、实用的开放式高等数学课程资源，其中重要资源之一就是创新性的数字化新形态新媒体教材。这些资源为在线学习者提供了媒体素材丰富、结构设计巧妙、动画制作精良，有很强趣味性、可视性、时代性的线

上线下课程。本课程可以满足学生线上独立学习或学校线上、线下相结合的混合式教学模式开展的需求。

该教材有如下特点：

一是明确理念。高职教育是既重视教会学生做事，又重视教会学生做人的教育。高等数学既要体现为专业学习服务的显性工具性价值，也要体现能提高学生科学素养、助力学生发展后劲的隐性人本价值。无论在教材等教学资源开发，还是在课堂教学组织管理，高等数学都应兼顾教书育人的职责，注重提升学生综合素养。

二是突出创新。在高等数学教材及资源开发中，力求打破传统高等数学教材开发定式，整合教学内容，深入挖掘相关知识的案例并制作成精美动画，适度引用网络平台中数学文化或趣味数学知识，开发出适应 O2O（线上线下）学习需要的立体化、数字化数学资源。在教学组织实施上，每个单元内容便于揭开数学神秘面纱，便于混合式教学的实施，有利于学习者利用线上线下进行学习。整个教材体现以学生为主体、教学做一体及培养学生沟通表达、团队精神的职业素养教育理念。

三是增强趣味。兴趣是学生最好的老师，兴趣能提升学生学习自信心，兴趣能降低教师的教学难度。为此，书中引入故事创作理念，生动形象地展示了知识导入、关键词解释、案例剖析等内容。每单元通过设立"单元导读、数学文化与生活、知识纵横——××之旅、学力训练、服务驿站"等模块展开具体教学内容，体现数学从生活中来、到生活中去的面目，打破数学的神秘感，拉近与学习者的距离。

四是强化功能。为专业学习服务的工具性是"高等数学"的重要功能。"高等数学"的前导课程是"初等数学"，在高职不同专业中有不同的后继课程，"高等数学"可为后继专业课程提供必不可少的数学基础知识和常用的数学方法。本书按照复杂问题简单化的目标开发了适应 O2O 学习的培养高职相关专业学生数学能力及数学素养的在线课程（www.hxspoc.cn）。

该数字化新形态新媒体教材是教育理念创新、高等数学教学创新、信息技术创新和师生协同创新的产物，旨在为教师丰富教学资源、拓宽改革思路，为师生提供适应互联网+时代特点的线上线下教学需要的一体化教学资源。尽管我们最大限度地注重了针对性和适应性的统一，但难免有不当之处，也希望数学战线各位同仁能随时交流探讨，以期协同分享，合作共赢，共同推进"高等数学"课程的改革和建设，彰显数学教育在高职人才培养中的价值！

感谢教育部职业院校教育类专业教学指导委员会专家同仁的指导帮助！

刘兰明

2019 年 10 月

目 录

第三单元 导数及其应用   73

第四单元　一元函数的积分及其应用　125

第五单元　微分方程初步　169

第一单元 函 数

第一部分 单元导读

教学目的

函数是近代数学的基本概念之一．"高等数学"就是以函数为主要研究对象的一门数学课程．通过对函数的学习，充分掌握基本初等函数的图形、性质，为后面内容的学习奠定良好基础．

教学内容

（1）理解函数的定义，掌握函数的要素；

（2）掌握函数的单调性和奇偶性，了解函数的周期性和有界性；

（3）了解反函数、复合函数的概念；

（4）熟练掌握基本初等函数的图形，理解初等函数的概念；

（5）能够建立简单的实际问题的函数关系．

函数先生引导图见图 1-1.

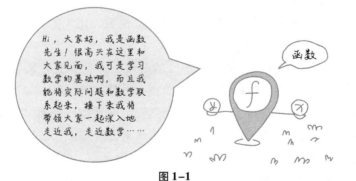

图 1-1

第二部分　数学文化与生活

2.1　"函数"从哪里来

数学学习讲究的是前因后果的逻辑关系，只有掌握好每个环节，才能真正地去理解某个知识点所蕴含的意义，才能明白掌握基础知识对数学学习是多么重要. 就像函数这一概念，它并不是凭空产生的，它的发展历史就是一部数学历史的缩写，我们一起来简单了解一下.

在 17 世纪早期，意大利数学家伽利略在《两门新科学》一书中，就用文字表达函数的关系，这是早期关于变量或函数概念的描述. 又经历多年的研究，在 1673 年，莱布尼兹首次使用"$function$"（函数）一词表示"幂"，但他也只是用该词来表示曲线上点的横坐标、纵坐标及切线长等曲线的有关几何量. 牛顿在微积分的讨论中，使用"流量"一词来表示变量间的关系.

在 1821 年，法国数学家柯西结合前人的函数知识，从定义变量的角度给出了函数的定义：在某些变数间存在着一定的关系，当一经给定其中某一变数的值，其他变数的值可随之确定时，则将最初的变数叫自变量，其他各变数叫函数.

在 1837 年，德国数学家狄利克雷大胆提出，怎么样去建立 x 与 y 之间的关系不是重要事情. 在这个基础上狄利克雷拓广了函数概念，他认为：对于在某区间上的每个确定的 x 值，y 都有一个确定的值，那么 y 叫作 x 的函数.

函数的定义真正发生质的变化，是在德国数学家康托创立集合论之后. 在 1930 年，现代数学正式对函数定义为：若对集合 M 中的任意元素 x，总有集合 N 中的确定元素 y 与之对应，则称在集合 M 中上定义一个函数，记为 f. 元素 x 称为自变量，元素 y 称为因变量.

函数的英文名是 $function$，翻译成中文的时候，为什么是函数呢？在 1859 年，我国清代著名数学家李善兰在翻译《代数学》一书时，把"$function$"翻译成中文的"函数". 李善兰认为中国古代"函"字与"含"字通用，都有"包含"的意思，因此"函数"是指公式里含有变量的意思，具体来说就是：凡是公式中含有变量 x，则该式子叫作 x 的函数.

函数的发展历史就是数学发展历史的一个缩影，每个在我们今天看来非常简单的数学名词，背后不知道有多少数学家、数学工作者耗费一生投入其中.

因此，希望大家在学习数学的过程中，一定要刻苦努力、讲究方法、坚持不懈、多反思、多思考等，这样才能慢慢学好数学.

2.2 无处不在的函数

2.2.1 11寸的比萨没有了，怎么办——比萨店里的故事

函数思想在生活中是无处不在的，比如人们经常去吃比萨。有一群小伙伴也去吃比萨，遇到了一个小问题（详见"函数生活引例"，对应图如图1-2、图1-3所示），看看大家会怎么想呢？

1-2 函数生活引例

图 1-2

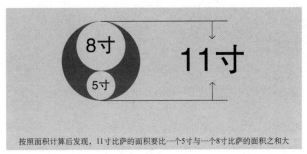

按照面积计算后发现，11寸比萨的面积要比一个5寸与一个8寸比萨的面积之和大

图 1-3

让我们看看比萨店里的故事吧！

情境：假如有一天你去比萨店点了一个11寸比萨，服务员告诉你11寸的比萨没有了，询问你可否同意用5寸和8寸的比萨换一个11寸的，你的决定是什么？换或者不换？

比萨烤盘（图1-4）的尺寸有5寸、6寸、7寸、8寸、9寸、10寸等。

图 1-4

可能结果1：你可能会美滋滋地同意更换，毕竟 5 + 8 = 13 > 11，一个变成两个，我赚到了，换！

可能结果2：恰巧你是一位数学牛人，数学学得不错，圆的面积计算公式没有忘记。

于是你拿出笔和纸开始计算（注意，这里的 8 寸比萨，8 寸是表示圆的直径哦!），8 寸的圆面积 = 16π 平方寸，5 寸圆的面积 = 6.25π 平方寸，11 寸圆的面积 = 30.25π 平方寸，而 16π + 6.25π = 22.25π < 30.25π. 我亏了，不换!

可能结果 3：如果你既是数学牛人又是美食达人，那可能就要多方面考虑，只考虑面积是不行的，关键要考虑比萨饼胚的质量，那就是要计算比萨的体积了；另外你知道还有一个因素要考虑，那就是比萨上放的馅料的差别，计算……你混乱了，换或者不换?

2.2.2　你听说过这样的实际问题吗

细胞分裂时能体现什么样的函数模型？小朋友玩的纸飞机的飞行路线是什么函数？去银行存钱如果想获得最大收益需要有什么样的数学知识？检查身体时心电图又是什么函数图形？总之生活中到处都存在着函数.

1–3 生活中的函数

1. 动态的细胞是如何成长呢

某种细胞分裂时，由 1 个分裂成 2 个，2 个分裂成 4 个，1 个这样的细胞分裂 x 次后，得到的细胞个数 y 与 x 之间的关系是什么？

分裂次数	细胞个数
1	2
2	$2 \times 2 = 2^2$
3	$2 \times 2 \times 2 = 2^3$
…	…
x	$2 \times 2 \times \cdots \times 2 = 2^x$

根据以上的数据可以得到细胞分裂次数 x 与细胞个数 y 函数关系式：

$$y = 2^x$$

2. 纸飞机的飞行路线

小时候的纸飞机，勾起多少人儿时的回忆呢？在回忆中，我们是否注意到纸飞机的飞行路线呢？

请大家分析一下，这种飞行路线（图 1–5）产生的原理及图形的走势？

图 1–5

3. 股票交易大厅里的智商曲线

目前，我国绝大部分证券公司使用的是乾隆电脑软件有限公司提供的钱龙动态分析系统向投资者揭示股票行情的，投资者在股市进行股票交易时，了解行情通常是通过看大盘即时走势图和个股即时走势图（图1-6）实现的，所以了解主要图形及指标含义对投资者显得非常重要.

图 1-6

4. 银行里的存钱策略

某银行的整存整取年利率见表1-1.

表 1-1

一年期	二年期	三年期	五年期
5.67%	5.94%	6.21%	6.66%

你刚刚毕业，工作两个月攒下1万元，准备6年后使用，若此期间利率不变，问采用怎样的存款方案，可使6年后所获收益最大？最大收益是多少？

$$收益 P = x_0 (1 + r_1)^{k_1} (1 + 2r_2)^{k_2} (1 + 3r_3)^{k_3} (1 + 5r_4)^{k_4} - x_0$$

其中，x_0 为本金，k_i 为该利率出现的年数，r_i 为该年的年利率，$i = 1, 2, 3, 4, \cdots$.

分别代入各参数得出结果见表1-2.

表 1-2

	一年期	二年期	三年期	五年期	收益/元
存款方式	0	0	2	0	3470.76
	6	0	0	0	3922.28
	1	0	0	1	4085.81
	1	1	1	0	4024.87
	2	2	0	0	3976.82
	3	0	1	0	3997.47
	4	1	0	0	3949.52
	0	3	0	0	4004.17

比较所得结果，可知1年期和5年期各存一次时，收益最大，最大收益为4085.81元.

5. 读懂自己的心电图

病历本上医生们的记录永远都是让人捉摸不透，尤其是各种化验单据、报告，我们总想自己看清楚，有针对性地去研究、分析. 在每次体检中，大家都应该记得"心电图"（图1-7）吧，心电图上没有任何说明，只有一群看似相同又存在差别的曲线，那么这些曲线有什么规律呢？我们怎么才能看懂呢？

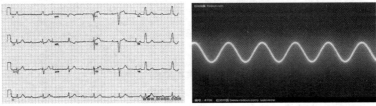

图 1-7

6. 消费者的理想选择——电话费用的计算

某地区固定电话收费标准为：接通后 3 分钟内（含 3 分钟）收费 0.20 元，以后每分钟（不足一分钟按一分钟计）收费 0.10 元．如果一次通话 t 分钟，写出通话费 y 元关于通话时间 t 的函数关系式．

大家想想自己打电话时是否遇到这样的问题呢？我们是否试着去分析如何在可能的情况下利用打电话的时间来节约成本呢？

$$y = \begin{cases} 0.2 & 0 \leq t \leq 3 \\ 0.2 + 0.1(t - 3) & t > 3 \end{cases}$$

其中，t 为大于等于 0 的整数．

 以上问题在解决的过程中都需要用到函数的思想和方法，思考如何解答这些实际问题？

2.2.3 函数的必要性

生活中无处不在的数学既让人头疼，又让人欢喜．头疼是因为它太难了，无数的符号、公式让人望而却步．欢喜是因为有了它，可以摆脱窘境，获得利益．所以我们应该掌握一些数学知识．

当我们购物、租赁汽车、家庭理财时，经营者为达到宣传、促销或其他目的，往往会为我们提供两种或多种付款方案或优惠办法．这时我们应三思而后行，深入发掘自己头脑中的函数知识——一次函数，建立一次函数模型，求出各种方案下对应的函数值，进行比较后做出明智的选择．我们切不可盲从，以免上了商家设下的小圈套，吃了眼前亏．

如果一个企业进行养殖、造林绿化、产品制造及其他大规模生产时，其利润随投资的变化关系一般可用幂函数、指数函数、三角函数表示．根据实际情况建立合理的数学模型，企业经营者可以依据对应函数的性质、图形及求函数最值等知识来预测企业发展和项目开发的前景．

函数从不同角度反映了自然界中变量与变量间的依存关系，因此函数知识是与生产实践及生活实际密切相关的．要掌握细胞的分裂情况、看懂股票的走势图、揭秘银行存款利息的计算方法、正确选择手机套餐的种类，这些问题都涉及重要的函数，即幂函数、指数函数、三角函数、分段函数等．所以我们要认真学习这些函数知识，掌握它们的概念、运算、图形和性质.

我们要认真学一学，学完本单元内容后，数学的智慧之手正在向你挥动，你也可以炫耀下自己的本领，和朋友们一起聚会吃比萨吧！

第三部分 知识纵横——函数之旅

游学示意图

在本单元中，我们将学习函数的概念；学习基本初等函数的概念、性质、图形及运算；学习复合函数的概念和运算；利用函数解决实际问题. 本单元游学示意图见图1-8.

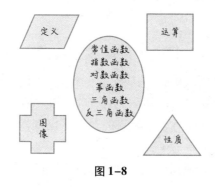

图1-8

3.1 函数初识

同学们看看图1-9所示的漫画图，它描述了我们生活中遇到的一些商场的营业和收益情况，一起畅所欲言吧！

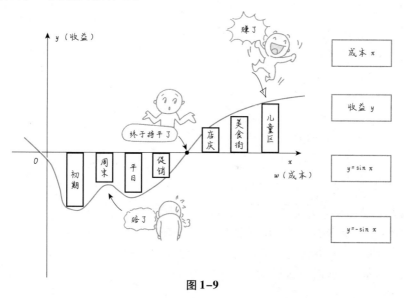

图1-9

3.1.1 预备知识

1. 集合的概念

一般地，我们把研究对象统称为元素，把一些元素组成的总体叫作集合（简称集）. 集合具有确定性（给定集合的元素必须是确定的）和互异性（给定集合中的元素是互不相同的）. 比如"身材较高的人"不能构成集合，因为它的元素不是确定的.

我们通常用大写英文字母 A、B、C……表示集合，用小写英文字母 a、b、c……表示集合中的元素. 如果 a 是集合 A 中的元素，就说 a 属于 A，记作 $a \in A$；否则就说 a 不属于 A，记作 $a \notin A$. 常用的数集有：

（1）全体非负整数组成的集合叫作非负整数集（或自然数集），记作 **N**.

（2）所有正整数组成的集合叫作正整数集，记作 $\mathbf{N}^+$ 或 $\mathbf{N}_+$.

（3）全体整数组成的集合叫作整数集，记作 **Z**.

（4）全体有理数组成的集合叫作有理数集，记作 **Q**.

（5）全体实数组成的集合叫作实数集，记作 **R**.

2. 常量与变量

（1）变量的定义：我们在观察某一现象的过程时，常常会遇到各种不同的量，其中有的量在过程中不变化，我们将其称之为常量；有的量在过程中是变化的，也就是可以取不同的数值，我们则将其称之为变量. 注：在过程中还有一种量，它虽然是变化的，但是它的变化相对于所研究的对象是极其微小的，我们一般也将其看作常量.

（2）变量的表示：如果变量的变化是连续的，则常用区间来表示其变化范围. 在数轴上，区间是指介于某两点之间的线段上点的全体，见表 1-3.

表 1-3

区间的名称	区间满足的不等式	区间的记号	区间在数轴上的表示
闭区间	$a \leqslant x \leqslant b$	$[a,\ b]$	
开区间	$a < x < b$	$(a,\ b)$	
半开区间	$a < x \leqslant b$ 或 $a \leqslant x < b$	$(a,\ b]$ 或 $[a,\ b)$	

以上我们所述的都是有限区间，除此之外，还有无限区间.

$[a,\ +\infty)$：表示不小于 a 的实数的全体，也可记为 $a \leqslant x < +\infty$；

$(-\infty,\ b)$：表示小于 b 的实数的全体，也可记为 $-\infty < x < b$；

$(-\infty,\ +\infty)$：表示全体实数，也可记为 $-\infty < x < +\infty$.

注：其中$-\infty$和$+\infty$分别读作"负无穷大"和"正无穷大"，它们不是数，仅仅是记号.

3.1.2 函数的概念

1. 一起来看看函数是如何定义的吧

函数的定义：如果当变量 x 在其变化范围内任意取定一个数值时，变量 y 按照一定的法则 f 总有唯一确定的数值与它对应，则称 y 是 x 的函数. 变量 x 的变化范围叫作这个函数的定义域. 通常 x 叫作自变量，y 叫作函数值（或因变量），变量 y 的变化范围叫作这个函数的值域.

注：为了表明 y 是 x 的函数，我们用记号 $y=f(x)$、$y=g(x)$ 等来表示.

2. 思考一下有没有相等的函数呢

由函数的定义可知，一个函数的构成要素为定义域、对应法则和值域；同时，值域又是由定义域和对应法则决定的. 因此有判断法则：若两个函数相等，则须判定其定义域和对应法则完全一致.

例1 下列（　　）函数与 $y=x$ 相同.

A. $y=|x|$ 　　　　B. $y=\sqrt{x^2}$ 　　　　C. $y=(\sqrt{x})^2$ 　　　　D. $y=t$

解析： 考虑四个函数的定义域和对应法则.

A. 对应法则不一致，定义域一致为 **R**；

B. 对应法则不一致，定义域一致为 **R**；

C. 对应法则一致，定义域不一致；

D. 对应法则一致，定义域一致.

例2 $f(x)=x+1$ 与 $g(x)=\sqrt{x^2}+1$ 是不是同一个函数？

解析： 不是，因为两个函数的对应法则不一致.

例3 $f(x)=5-x$ 与 $g(x)=\dfrac{25-x^2}{5+x}$ 是同一个函数.

解析： 错误，因为两个函数的定义域不同.

3. 求函数的定义域

用解析式 $y=f(x)$ 表示函数的定义域时，常有以下几种情况：

①若 $f(x)$ 是整式，则函数的定义域是实数集；

②若 $f(x)$ 是分式，则函数的定义域是使分母不等于 0 的实数集；

③若 $f(x)$ 是二次根式，则函数的定义域是使根号内的式子大于或等于 0 的实数集；

④若 $f(x)$ 是由几个部分的数学式子构成的，则函数的定义域是使各部分式子都有意义的实数集；

⑤若 $f(x)$ 是由实际问题抽象出来的函数，则函数的定义域应符合实际问题.

例4 求函数 $f(x)=\dfrac{\sqrt{x^2-5x+6}}{x-2}$ 的定义域.

解析： 依据题意有

$$\begin{cases} x^2 - 5x + 6 \geqslant 0 \\ x - 2 \neq 0 \end{cases}$$

解得： $x \geqslant 3$ 或 $x < 2$

$\therefore f(x) = \dfrac{\sqrt{x^2 - 5x + 6}}{x - 2}$ 的定义域为 $\{x \mid x \geqslant 3$ 或 $x < 2\}$.

例5 已知函数 $f(2x + 1)$ 的定义域为 $[1, 2]$，求函数 $f(x)$ 的定义域.

解析： 因为函数 $f(2x + 1)$ 的定义域为 $[1, 2]$，有 $1 \leqslant x \leqslant 2$. 即 $3 \leqslant 2x + 1 \leqslant 5$. 所以，函数 $f(x)$ 的定义域为 $[3, 5]$.

4. 一起看看函数的实用性吧

函数是研究现实世界变化规律的一个重要模型，对它的学习一直是初中阶段数学学习的一个重要内容，而且它的应用非常广泛，如现实生活中的手机交费问题、出租车计费问题、个人纳税问题等. 学好函数知识可以帮助人们解决许多问题.

例如，函数的单调性——可以用来分析图形的走势.

让我们通过下面的漫画来分析实际问题，加深一下印象吧！

以图1–10所示的趣味问题为例，从图中能够得出什么结论呢？让我们畅所欲言吧！

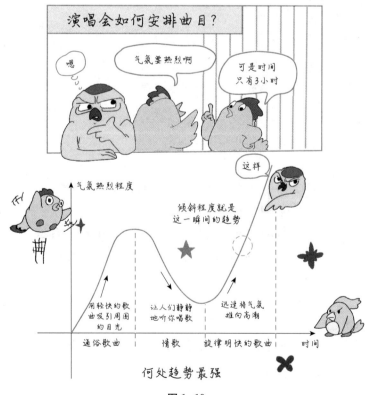

图 1–10

技巧点拨

(1) 函数是将实际问题转化为数学符号的基础工具；

(2) 函数的书写符号有很多，但形式都是统一的；

(3) 注意函数相等的条件；

(4) 掌握函数定义域的基本求解方法.

1-4 小练习-函数

能力操练 3.1

1. 若函数 $f(x)$ 的定义域是 $[-1，1]$，则 $f(x+1)$ 的定义域为 _____．

2. 已知 $y=f(x+1)$ 的定义域为 $[0，1]$，则 $y=f(x)$ 的定义域为 _____．

3. 下列选项中的两个函数为同一函数的是（　　）．

A. $f(x)=\lg x$，$g(x)=\dfrac{1}{2}\lg x^2$

B. $f(x)=\sqrt{(x-1)(x+1)}$，$g(x)=\sqrt{x-1}\cdot\sqrt{x+1}$

C. $f(x)=1$，$g(x)=\dfrac{x}{x}$

D. $f(x)=\sqrt{x^2}$，$g(x)=|x|$

3.2 巧归类，识变形

下面我们通过图 1-11 来了解函数的单调性、周期性、有界性.

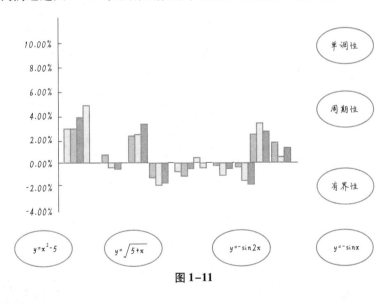

图 1-11

3.2.1 基本性质

1. 函数的有界性

如果对属于某一区间 I 的所有 x 值总有 $|f(x)|\leqslant M$ 成立，其中 M 是一个与 x 无关的常数，那么我们就称 $f(x)$ 在区间 I 有界，否则便称无界.

注：一个函数，如果在其整个定义域内有界，则称其为有界函数.

例6 函数 $\cos x$ 在 $(-\infty, +\infty)$ 内是有界的.

是否有界是判断函数的定义域还是值域呢？

2. 函数的单调性

如果函数 $f(x)$ 在区间 (a, b) 内随着 x 增大而增大，即，对于 (a, b) 内任意的 x_1 及 x_2，当 $x_1 < x_2$ 时，有 $f(x_1) < f(x_2)$，则称函数 $f(x)$ 在区间 (a, b) 内是单调增加的. 如果函数 $f(x)$ 在区间 (a, b) 内随着 x 增大而减小，即，对于 (a, b) 内任意的 x_1 及 x_2，当 $x_1 < x_2$ 时，有 $f(x_1) > f(x_2)$，则称函数 $f(x)$ 在区间 (a, b) 内是单调减小的.

例7 函数 $f(x) = x^2$ 在区间 $(-\infty, 0)$ 内是单调减小的，在区间 $(0, +\infty)$ 内是单调增加的.

单调性是从左至右看，还是从右至左看？

怎么样，明白了吗？让我们通过下面的漫画图示（图1-12）再加深一下印象吧！

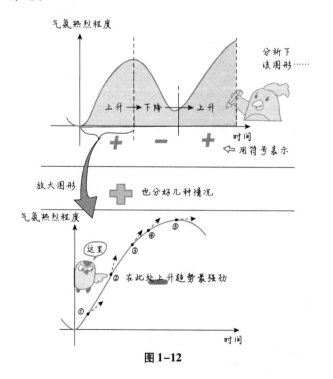

图1-12

1-5 函数单调性

3. 函数的奇偶性

给定函数 $y = f(x)$，如果函数 $f(x)$ 对于定义域内的任意 x 都满足 $f(-x) = f(x)$，则 $f(x)$ 叫作偶函数；如果函数 $f(x)$ 对于定义域内的任意 x 都满足 $f(-x) = -f(x)$，则 $f(x)$ 叫作奇函数.

注：偶函数的图形关于 y 轴对称，奇函数的图形关于原点对称.

怎么样，了解函数的奇偶性了吧！让我们通过漫画（图 1-13）对比一下求解奇函数和偶函数的区别和联系吧！

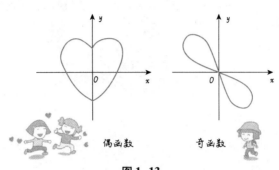

图 1-13

4. 函数的周期性

对于函数 $f(x)$，若存在一个不为零的实数 l，使得关系式 $f(x+l) = f(x)$ 对于定义域内任意 x 值都成立，则 $f(x)$ 叫作周期函数，l 是 $f(x)$ 的周期.

注：我们说的周期函数的周期是指最小正周期.

例 8　函数 $\sin x$、$\cos x$ 是以 2π 为周期的周期函数；函数 $\tan x$ 是以 π 为周期的周期函数.

怎么样，明白了吗？让我们通过下面的漫画（图 1-14）再加深一下印象吧！

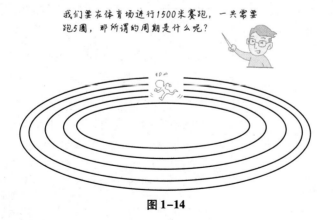

图 1-14

第一单元

13

3.2.2 函数变形

我们学习了函数的重要性质——单调性、奇偶性、有界性和周期性，那么函数还有没有其他的变形形式？让学习助手（图1–15）帮助你梳理吧！

图1–15

1. 反函数

反函数的定义：设有函数 $y = f(x)$，若变量 y 在函数的值域内任取一值 y_0 时，变量 x 在函数的定义域内必有唯一值 x_0 与之对应，即 $f(x_0) = y_0$，那么变量 x 是变量 y 的函数. 这个函数用 $x = \varphi(y)$ 来表示，称为函数 $y = f(x)$ 的反函数.

注：由此定义可知，函数 $y = f(x)$ 也是函数 $x = \varphi(y)$ 的反函数.

反函数的存在定理：若 $y = f(x)$ 在 (a, b) 内严格增加（或减少），其值域为 **R**，则它的反函数必然在 **R** 上确定，且严格增加（减小）.

注：严格增加（或减小）即是单调增加（或减小）.

例如：$y = x^2$，其定义域为 $(-\infty, +\infty)$，值域为 $[0, +\infty)$. 对于 y 取定的非负值，可求得 $x = \pm\sqrt{y}$. 若我们不加条件，由 y 的值就不能唯一确定 x 的值，也就是在区间 $(-\infty, +\infty)$ 内，函数不是严格增加（或减小），故其没有反函数. 如果加上条件，要求 $x \geq 0$，则对 $y \geq 0$，$x = \sqrt{y}$ 就是 $y = x^2$ 在要求 $x \geq 0$ 时的反函数，即函数在此要求下严格增加（或减小）.

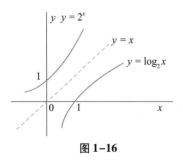

图1–16

反函数的性质：在同一坐标平面内，$y = f(x)$ 与 $x = \varphi(y)$ 的图形是关于直线 $y = x$ 对称的.

例9 函数 $y = 2^x$ 与函数 $y = \log_2 x$ 互为反函数，则它们的图形在同一直角坐标系中是关于直线 $y = x$ 对称的，见图1–16.

怎么样，明白了吗？让我们通过漫画（图1–17）再加深一下印象吧！

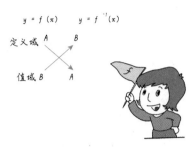

图 1-17

2. 复合函数

复合函数的定义：若 y 是 u 的函数，即 $y = f(u)$，而 u 又是 x 的函数，即 $u = \varphi(x)$，且 $u = \varphi(x)$ 的值域包含在 $f(u)$ 的定义域内，那么，y 通过 u 的联系也是 x 的函数，我们称这样的函数是由函数 $y = f(u)$ 及 $u = \varphi(x)$ 复合而成的函数，称为复合函数，记作 $y = f[\varphi(x)]$，其中 u 叫作中间变量.（图 1-18）

注：（1）并不是任意两个函数都能复合；（2）复合函数不仅可由两个函数复合而成，还可以由多个函数复合而成.

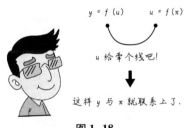

图 1-18

例 10 函数 $y = \arcsin u$ 与函数 $u = 2 + x^2$ 能否复合成一个函数呢？

解：因为对于 $u = 2 + x^2$ 的定义域 $(-\infty, +\infty)$ 中的任意 x 值所对应的 u 值域为 $[2, +\infty)$，不包含在 $y = \arcsin u$ 的定义域 $[-1, 1]$ 内，所以不能复合.

🎧 技巧点拨

关键词：函数.

形成记忆链条：

定义——类别——性质（单调性、奇偶性、周期性）——应用.

📅 能力操练 3.2

1. 设 $f(x) = \cos^3 x$，则 $f(-x) = ($ $)$.

A. $-f(-x)$ B. $f(x)$ C. $\dfrac{1}{f(x)}$ D. $-f(x)$

2. 是偶函数且在 $(0, +\infty)$ 内是单调增加的函数是（   ）.

A. $f(x) = \cos x$ B. $f(x) = |x|$ C. $f(x) = 2^x$ D. $f(x) = x^3$

3. 函数 $y = |\sin x|$ 是（   ）.

A. 以 2π 为周期的奇函数   B. 以 2π 为周期的偶函数

C. 以 π 为周期的奇函数   D. 以 π 为周期的偶函数

4. 函数 $y = -\sqrt{x-1}$ 的反函数是（   ）.

A. $y = x^2 + 1$ B. $y = x^2 + 1 (x \leqslant 0)$

C. $y = x^2 + 1 (x \geqslant 0)$ D. 不存在

5. 已知 $f(x) = \ln x + 1$，$g(x) = \sqrt{x} + 1$，则 $f[g(x)] = ($ $)$.

A. $\ln(\sqrt{x} + 1) + 1$ B. $\ln\sqrt{x} + 2$

C. $\sqrt{\ln(x+1)} + 1$ D. $\ln\sqrt{x} + 1$

6. 下列 y 能成为 x 的复合函数的是（   ）.

A. $y = \ln u$，$u = -x^2$ B. $y = \dfrac{1}{\sqrt{u}}$，$u = -x^2 + 2x - 1$

C. $y = \sin u$，$u = -x^2$ D. $y = \arccos u$，$u = 3 + x^2$

7. 设 $f(\sin x) = \cos 2x$，则 $f(x) = ($ $)$.

A. $1 - x^2$ B. $1 - 2x^2$ C. $1 + 2x^2$ D. $2x^2 - 1$

3.3 初等函数

掌握了函数的概念和性质，下面我们的学习任务是什么呢？（图 1–19）

图 1–19

1-6 小练习-函数类别

六类基本初等函数：常值函数、指数函数、对数函数、幂函数、三角函数及反三角函数. 接下来，大家分别从表达式、图形、性质等方面回忆一下你所记得的函

数吧！（表1-4）

表 1-4

函数名称	函数	函数的图形	函数的性质
常值函数	$y = C$	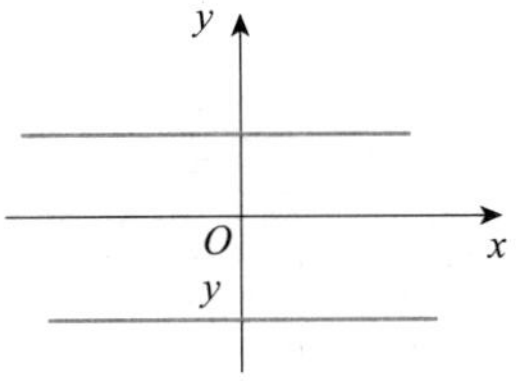	定义域为 $(-\infty,\ +\infty)$ 图形为平行于 x 轴的直线
指数函数	$y = a^x$ $(a > 0,\ a \neq 1)$	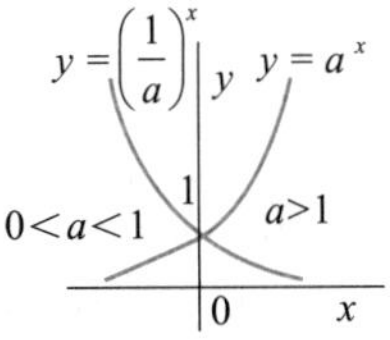	a) 不论 x 为何值，y 总为正数 b) 当 $x=0$ 时，$y=1$
对数函数	$y = \log_a x$ $(a > 0,\ a \neq 1)$	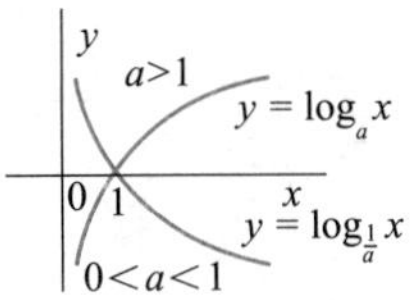	a) 其图形总位于 y 轴右侧，并过点 $(1,0)$ b) 当 $a>1$ 时，在区间 $(0,1)$ 内的值为负；在区间 $(1,+\infty)$ 内的值为正；在定义域内单调增加
幂函数	$y = x^a$ (a 为任意实数)	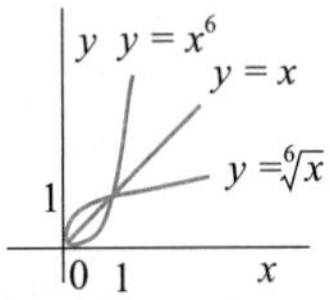 这里只给出部分函数图形的一部分	令 $a=m/n$ a) 当 m 为偶数、n 为奇数时，y 是偶函数 b) 当 m 和 n 都是奇数时，y 是奇函数 c) 当 m 奇数、n 偶数时，y 在区间 $(-\infty,0)$ 内无意义
三角函数	$y = \sin x$ （正弦函数） 这里只给出了正弦函数	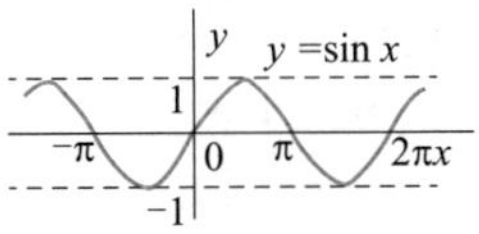	a) 正弦函数是以 2π 为周期的周期函数 b) 正弦函数是奇函数 c) 有界，即 $|\sin x| \leqslant 1$
反三角函数	$y = \arcsin x$ （反正弦函数） 这里只给出了反正弦函数	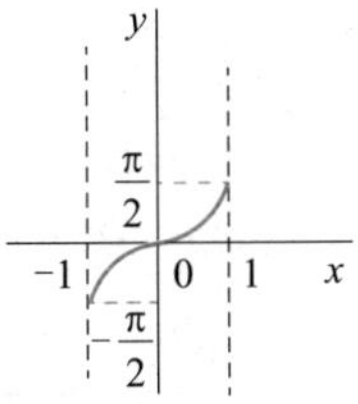	a) 奇函数 b) 单调增加 c) 有界

由常数和基本初等函数经过有限次的四则运算和有限次的复合步骤所构成并可以用一个式子表示的函数，称为**初等函数**．

生活中我们会遇到和函数相关的问题，如何解决？（见图 1-20）

图 1-20

接下来让我们一起看看几种经典类型题吧!

经典类型 1：函数定义域.

例 11 函数 $y = \sqrt{1 - x^2} + \sqrt{x^2 - 1}$ 的定义域是 (　　).

A. $\{-1, 1\}$　　　　　　　　　　　B. $(-1, 1)$

C. $[-1, 1]$　　　　　　　　　　　D. $(-\infty, -1) \cup (1, +\infty)$

解： $\begin{cases} 1 - x^2 \geq 0 \\ x^2 - 1 \geq 0 \end{cases} \Rightarrow \begin{cases} -1 \leq x \leq 1 \\ x \geq 1 \text{ 或 } x \leq -1 \end{cases} \Rightarrow x \in \{-1, 1\}$. 故选 A.

例 12 求函数 $y = \sqrt{\log_{0.5}(4x^2 - 3x)}$ 的定义域.

解： $\begin{cases} 4x^2 - 3x > 0 \\ 4x^2 - 3x \leq 1 \end{cases} \Rightarrow \begin{cases} x < 0 \text{ 或 } x > \dfrac{3}{4} \\ -\dfrac{1}{4} \leq x \leq 1 \end{cases} \Rightarrow x \in \left[-\dfrac{1}{4}, 0 \right) \cup \left(\dfrac{3}{4}, 1 \right]$.

经典类型 2：函数对应关系.

例 13 已知 $f(x) = x^2 - 2x$，求 $f(x-1)$ 的解析式.

析： 依据代入法或拼凑法的思想进行解题.

解： $f(x-1) = (x-1)^2 - 2(x-1) = x^2 - 2x + 1 - 2x + 2 = x^2 - 4x + 3$.

变式 1 已知 $f(x) = 2x - 1$，求 $f(x^2)$ 的解析式.

变式 2 已知 $f(x+1) = x^2 + 2x + 3$，求 $f(x)$ 的解析式.

经典类型 3：函数值域.

例 14 已经函数 $f(x) = 2x^3 + x$，求 $f(2)$ 和 $f(a) + f(-a)$ 的值.

解： $f(2) = 2 \times 2^3 + 2 = 16 + 2 = 18$；

$f(a) + f(-a) = 2a^3 + a - 2a^3 - a = 0$.

变式 已知 $f(2x) = \dfrac{1 + x^2}{x}$，求 $f(2)$ 的值.

例 15 已知函数 $f(x) = \begin{cases} 5x + 1, & x \geq 0 \\ -3x + 2, & x < 0 \end{cases}$，求 $f(1) + f(-1)$ 的值.

解： $f(1) = (5x + 1)|_{x=1} = 5 \times 1 + 1 = 6$

$f(-1) = (-3x + 2)|_{x=-1} = -3 \times (-1) + 2 = 5$

$f(-1) + f(1) = 5 + 6 = 11$

变式 已知函数 $f(x) = \begin{cases} f(x+2), & x \leq -1 \\ 2x+2, & -1 < x < 1 \\ 2x-4, & x \geq 1 \end{cases}$，求 $f[f(-4)]$ 的值.

技巧点拨

（1）如果已知函数图形，就能直接判断其相应的性质；如果已知函数表达式，则可以通过某些性质和取点作图法，描绘出函数简图，再进一步分析函数的其他性质.

（2）反函数和复合函数，一定要注意定义域和值域的转换关系，不是所有函数都有反函数. 同样，不是任意几个函数都能构成复合函数.

（3）求解定义域、值域及某点函数值都可以充分结合其图形进行计算.

能力操练3.3

1. 求下列函数的定义域.

（1）$y = \dfrac{2}{x^2 - 3x + 2}$；

（2）$y = \lg \dfrac{1+x}{1-x}$；

（2）$y = \sqrt{x^2 - 9}$；

（4）$y = \dfrac{1}{\ln(x-5)}$.

2. 分解下列各复合函数.

（1）$y = \sqrt[3]{3 + 2x}$；

（2）$y = e^{\sin^2 \frac{1}{x}}$；

（3）$y = \arctan\sqrt{x^2 + 1}$；

（4）$y = \ln\arcsin(x + e^x)$.

3. 下列函数中哪些是偶函数，哪些是奇函数，哪些既非偶函数又非奇函数？

（1）$y = x^2(1 - x^2)$；

（2）$y = 3x^2 - x^3$；

（3）$y = \dfrac{1 - x^2}{1 + x^2}$；

（4）$y = \sin x - \cos x + 1$.

4. 下列函数中哪些是周期函数？对于周期函数，指出其周期.

（1）$y = \cos 4x$；

（2）$y = 2\sin 3x$；

（3）$y = \sin^2 x$；

（4）$y = \sin x + \cos x$.

3.4 拨开云雾见函数

雾里看花

例16 小敏在某次投篮中，球的运动路线是抛物线 $y = -\dfrac{1}{5}x^2 + 3.5$ 图形的一部分（图1-21），若命中篮筐中心，则他与篮筐中心的水平距离 l 是多少米？

解：$y = -0.2x^2 + 3.5$

∵ $y = 3.05$ 时，$x = 1.5$

∴ $l = 2.5 + 1.5 = 4$（m）

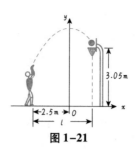

图 1-21

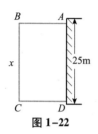

图 1-22

例 17　为了改善小区环境，某小区决定要在一块一边靠墙（墙长 25m）的空地上修建一个矩形绿化带 $ABCD$，绿化带一边靠墙，另三边用总长为 40m 的栅栏围住（图 1-22）. 若设绿化带的 BC 边长为 x，绿化带的面积为 y.

（1）求 y 与 x 之间的函数关系式，并写出自变量 x 的取值范围；

（2）当 x 为何值时，满足条件的绿化带的面积最大？

解：（1）$y = x \cdot \dfrac{40 - x}{2} = -\dfrac{1}{2}x^2 + 20x$，自变量 x 的取值范围是 $0 < x \leqslant 25$.

（2）$y = -\dfrac{1}{2}x^2 + 20x = -\dfrac{1}{2}(x - 20)^2 + 200$

$\because 20 < 25$，所以当 $x = 20$ 时，y 有最大值 200.

即当 $x = 20$ 时，满足条件的绿化带的面积最大.

例 18　图 1-23 是永州八景之一的愚溪桥，桥身横跨愚溪，面临潇水，桥下冬暖夏凉，常有渔船停泊桥下避晒纳凉. 已知主桥拱为抛物线，在正常水位下测得主桥拱宽 24m，最高点距离水面 8m，以水平线 AB 为 x 轴，AB 的中点为原点建立坐标系（图 1-24）.

（1）求此桥拱线所在抛物线的解析式.

（2）桥边有一条浮在水面部分高 4m，最宽处 $12\sqrt{2}$ m 的河鱼餐船，试探索此船能否开到桥下？说明理由.

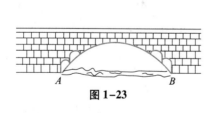

图 1-23

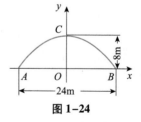

图 1-24

解：（1）已知三点坐标分别为：$A\,(-12,\ 0)$，$B\,(12,\ 0)$，$C\,(0,\ 8)$.
设抛物线解析式为 $y = ax^2 + bx + c$，将 C 点坐标代入得 $c = 8$.

A，B 点坐标代入得 $\begin{cases} 144a - 12b + 8 = 0 \\ 144a + 12b + 8 = 0 \end{cases}$，解得 $\begin{cases} a = -\dfrac{1}{18}. \\ b = 0 \end{cases}$

所以，抛物线方程为 $y = -\dfrac{1}{18}x^2 + 8$.

（2）当 $y = 4$ 时，计算得 $-\dfrac{x^2}{18} + 8 = 4$，$\therefore x = \pm 6\sqrt{2}$，$2 \times 6\sqrt{2} = 12\sqrt{2}$，所以高出水面4m处，拱宽 $12\sqrt{2}$ m $= 12\sqrt{2}$ m（船宽），所以此船在正常水位时可以开到桥下.

技巧点拨

解决实际函数问题的秘籍：

（1）设定适当未知数；

（2）分析数量，找关系；

（3）列出表达式；

（4）检验.

能力操练 3.4

1. 某林场计划第一年造林10000亩，以后每年比前一年多造林20%，则第10年造林多少亩？

2. 某商品进货单价为40元，若销售价为50元，可卖出50个，如果销售单价每涨1元，销售量就减少1个，为获得最大利润，此商品的最佳售价为多少？

3. 某运输公司规定的货物吨公里的价格为：在 a 公里以内的，每公里 k 元；超过 a 公里的，超过部分每公里为 $\dfrac{4}{5}k$ 元. 求运价 m 和路程 s 之间的函数关系.

第四部分　学力训练

4.1　单元基础过关检测

一、选择题

1. 下列各组的两个函数，表示同一个函数的是（　　）.

A. $y = \dfrac{x^2}{x}$ 与 $y = x$ 　　　　　　B. $y = \dfrac{x}{x^2}$ 与 $y = \dfrac{1}{x}$

C. $y = |x|$ 与 $y = x$ 　　　　　　D. $y = (\sqrt{x})^2$ 与 $y = x$

2. 若函数 $f(x) = \begin{cases} 2, & x \le 0 \\ 3 + x^2, & x > 0 \end{cases}$，则 $f(-2) + f(3) = （　　）$.

A. 7　　　　　　B. 14　　　　　　C. 12　　　　　　D. 2

3. 下列函数中既是奇函数又是增函数的是（　　）.

A. $y = 3x^2$ B. $y = \dfrac{1}{x}$ C. $y = x + 1$ D. $y = x^3$

4. 一次函数 $y = 2x + 1$ 的图形不经过（　　）象限.

A. 第一   B. 第二   C. 第三   D. 第四

5. 函数 $y = \dfrac{1}{x}$ 的单调减区间是（　　）.

A. **R**

B. $(-\infty, 0) \cup (0, +\infty)$

C. **N**⁺

D. $(-\infty, 0)$、$(0, +\infty)$

6. $y = x - a$ 与 $y = \log_a x$ 在同一坐标系下的图形可能是（　　）.

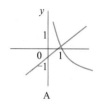 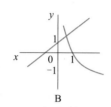 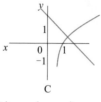 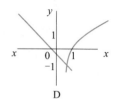

A   B   C   D

7. 已知函数 $f(x) = 2x + 1$，则 $f(x + 2) = $（　　）.

A. $2x+1$ B. $2x+5$ C. $x+2$ D. x

8. 一次函数 $y = kx + b$ 的图形关于原点对称，则二次函数 $y = ax^2 + bx + c$（$a \neq 0$）的图形关于（　　）对称.

A. x 轴   B. y 轴   C. 原点   D. 直线 $y=x$

9. 不等式 $x^2 - 2x + m \geqslant 0$ 对于一切实数均成立，则 m 的取值范围是（　　）.

A. $m > 0$ B. $m < 0$ C. $m \geqslant 1$ D. $m \leqslant 1$

10. 设二次函数的图形满足顶点坐标为（2，-1），且图形过点（0，3），则函数的解析式为（　　）.

A. $y = x^2 - 4x + 3$

B. $y = x^2 + 4x + 3$

C. $y = 2x^2 + 8x + 3$

D. $y = 2x^2 - 8x + 3$

二、填空题

11. 若函数 $f(x) = x^2 + 3x - 4$，则 $f(x) \geqslant 0$ 的解集为＿＿＿＿＿＿＿＿.

12. 设函数 $f(x) = \begin{cases} x^2 - 1, & (x \leqslant 0) \\ x + 2, & (x > 0) \end{cases}$，则 $f[f(-2)] = $＿＿＿＿＿＿＿＿.

13. 函数 $y = \dfrac{\sqrt{x + 4}}{x + 2}$ 的定义域为＿＿＿＿＿＿＿＿.

14. 用区间表示函数 $y = \dfrac{1}{3x - 5}$ 的定义域为＿＿＿＿＿＿＿＿.

15. 已知函数 $f(x) = 2x - 1$，则 $f[f(2)] = $＿＿＿＿＿＿＿＿.

16. 若函数 $f(x) = 3x + m - 1$ 是奇函数，则常数 $m = $＿＿＿＿＿＿＿＿.

17. 已知一次函数的图形过点（-1，2）、（2，-1），则其解析式为＿＿＿＿＿＿＿＿.

18. 已知二次函数 $y = (m - 3)x^2 + (m - 2)x + 6$ 为偶函数，则函数的单调增区间为_____.

三、解答题

19. 判断函数 $f(x) = x + \dfrac{1}{x}$ 的奇偶性.

20. 求函数 $f(x) = \sqrt{2x - 1} + \dfrac{1}{x - 2}$ 的定义域.

21. 求下列函数的定义域:

(1) $f(x) = \sqrt{1 - x} + \sqrt[3]{1 + x}$ (2) $f(x) = \dfrac{\sqrt{2x - 1}}{x - 3}$.

22. 证明:函数 $y = 2x - 3$ 在 $(-\infty, +\infty)$ 上是增函数.

23. 比较 $x^2 + x - 1$ 与 $3(x - 1)(x \in \mathbf{R})$ 的大小.

24. 已知二次函数 $y = 2x^2 - 4x + 3$,求函数在下列区间内的最值.

(1) $\mathbf{R}$ (2) $[0, 3]$ (3) $[-3, 0]$

4.2 单元拓展探究练习

1. 某超市半年销售 500 件日用品,均匀销售,为节约库存费,分批进货. 每批进订货费为 80 元,每件该商品的库存费为每月 0.4 元,试求出表示库存费和进货费之和与批量间关系的函数模型.

2. 人口增长问题:1982 年底我国人口为 10.3 亿,如果不实行计划生育政策,按照年平均 3% 的自然增长率计算,那么到 2013 年底,我国人口将是多少?请根据数学建模的步骤做合理条件假设,建立人口增长模型.

3. 汽车租赁问题:请分组做一个市场调研,了解目前汽车租赁价格的确定方式,并提出合理建议.

第五部分　服务驿站

5.1 软件服务——函数的定义、 调用和图形绘制

5.1.1 实验目的

1. 熟练掌握在 Matlab 环境下常见函数的定义方法;

2. 能够正确调用 Matlab 内部函数或者自己定义的函数进行相关计算;

3. 能够借助 Matlab 命令绘制函数图形.

5.1.2 实验过程

1. 学一学:Matlab 内部函数的直接调用

Matlab 提供了很多内部函数,可以直接调用这些函数进行计算,常用函数命令见表 1–5.

表 1-5

函数	名称	函数	名称
$\sin(x)$	正弦函数	$\text{asin}(x)$	反正弦函数
$\cos(x)$	余弦函数	$\text{acos}(x)$	反余弦函数
$\tan(x)$	正切函数	$\text{atan}(x)$	反正切函数
$\text{abs}(x)$	绝对值	$\max(x)$	最大值
$\min(x)$	最小值	$\text{sum}(x)$	元素的总和
$\text{sqrt}(x)$	开平方	$\exp(x)$	以 e 为底的指数
$\log(x)$	自然对数	$\log_{10}(x)$	以 10 为底的对数
$\text{sign}(x)$	符号函数	$\text{fix}(x)$	取整

2. 动一动：实际操练

例 19 分别计算 $\sin\dfrac{\pi}{6}$，$\ln1$，$\max\{-2,-1,5,-3,0\}$.

实验操作：

$\sin(\text{pi}/6)$

ans =   % 显示结果

  1/2

$\log(1)$

ans =

 0

$\max([-2,-1,5,-3,0])$

ans =

 5

例 20 定义函数 $f(x,y)=x+y$，并计算 $f(2,3)$.

实验操作：

f = 'x+y'； % 定义函数

x = 2；y = 3； % 给变量赋值

subs（f） % 代入计算

ans =   % 显示结果

 5

注： 自定义函数及其调用.

Matlab 的内部函数是有限的，如果所研究的函数不是内部函数，则需要自己定义，常见的方式有两种，分别是直接定义函数和编写函数文件.

例 21 定义分段函数 $f(x)=\begin{cases} x^2+1, & x<0 \\ 2x, & x=0 \\ 5-2x^2, & x>0 \end{cases}$，并计算 $f(-1)$，$f(0)$，$f(1)$.

实验操作：

Step1：先定义函数 f.

```
function    f(x)
if   x<0
    y=x^2+1;
else if   x==0
        y=2*x;
    else
        y=5-2*x^2;
    end
end
```

Step2：在主界面调用函数 f 进行计算.

```
f(-1)
ans =                  % 显示结果
    2
f(0)
ans =                  % 显示结果
    0
f(1)
ans =                  % 显示结果
    3
```

例 22　在 $[0, 2*pi]$ 范围内用实线绘制 $\sin(x)$ 图形，用圈线绘制 $\cos(x)$ 图形.

实验操作：（图形见图 1-25）

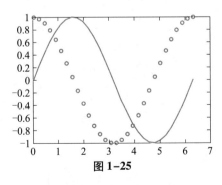

图 1-25

```
x=linspace (0, 2*pi, 30);    % 在区间 [0, 2*pi] 内等间隔地选取 30 个
自变量
    y=sin (x);
    z=cos (x);
```

plot （x, y, 'r', x, z, 'bo'）　　% 'r' 代表实线，'bo' 代表圈线

5.1.3　实验任务

利用 Matlab 分别完成下列实验操作.

（1）分别计算 $\cos\dfrac{\pi}{6}$，abs （-10），$\min\{-2，-1，5，-3，0\}$.

（2）定义函数 $f(x, y) = 2x - 3y$，并计算 $f(2, 3)$.

（3）定义分段函数 $f(x) = \begin{cases} x^2 - 1, & x < 1 \\ x + 2, & x = 1 \\ -2x^2 + 10, & x > 1 \end{cases}$，并计算 $f(-2)$，$f(1)$，$f(2)$.

（4）在区间 $[-3, 3]$ 内用实线绘制 $y = x$ 图形，用圈线绘制 $y = x^2$ 图形.

5.2　基础建模服务

如何建立函数模型？其过程和步骤如何？（图 1-26）

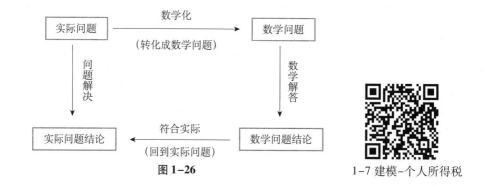

图 1-26

1-7 建模-个人所得税

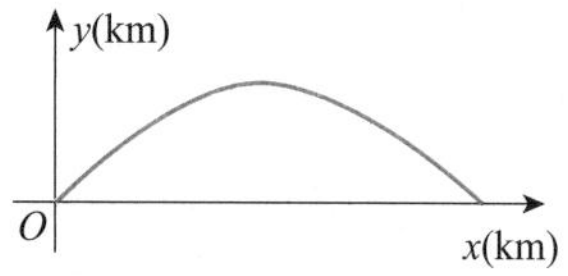

案例 1　已知炮弹发射后的轨迹在方程 $y = kx - \dfrac{1}{20}(1 + k^2)x^2 (k > 0)$ 表示的曲线（图 1-27）上，其中 k 与发射方向有关. 炮的射程是指炮弹落地点的横坐标.

图 1-27

（1）求炮弹的最大射程；

（2）设在第一象限有一飞行物（忽略其大小），其飞行高度为 3.2km，试问它的横坐标 a 不超过多少时，炮弹可以击中它？请说明理由.

解：（1）在 $y = kx - \dfrac{1}{20}(1 + k^2)x^2 (k > 0)$ 中，令 $y = 0$，得 $kx - \dfrac{1}{20}(1 + k^2)x^2 = 0$.

由实际意义和题设条件知 $x > 0$，$k > 0$. 解以上关于 x 的方程得

$$x = \frac{20k}{1 + k^2} = \frac{20}{\dfrac{1}{k} + k} \leqslant \frac{20}{2} = 10，当且仅当 k = 1 时取等号.$$

所以炮的最大射程是 10km.

（2）$\because a > 0$，$\therefore$ 炮弹可以击中目标 $\Leftrightarrow$ 存在 $k > 0$，使 $ka - \dfrac{1}{20}(1 + k^2)a^2 = 3.2$ 成立 $\Leftrightarrow$ 关于 k 的方程 $a^2k^2 - 20ak + a^2 + 64 = 0$ 有正根，

得 $\begin{cases} \Delta = (-20a)^2 - 4a^2(a^2 + 64) \geqslant 0, \\ k_1 + k_2 = \dfrac{20a}{a^2} > 0, \\ k_1k_2 = \dfrac{a^2 + 64}{a^2} > 0, \end{cases}$ 解得 $a \leqslant 6$.

所以当 a 不超过 6km 时，炮弹可以击中它.

案例 2　人口增长模型 $y = y_0\mathrm{e}^{rt}$.

模型中的 t 表示经过的时间，y_0 表示 $t = 0$ 时的人口数，r 表示人口的年平均增长率. 表 1-6 是 1950～1959 年我国的人口数据资料.

表 1-6

年份	1950	1951	1952	1953	1954	1955	1956	1957	1958	1959
人数/万人	55196	56300	57482	58796	60266	61456	62828	64563	65994	67207

（1）如果以各年人口增长率的平均值作为我国这一时期的人口增长率（精确到 0.0001），用马尔萨斯人口增长模型建立我国在这一时期的具体人口增长模型，并检验所得模型与实际人口数据是否相符；

（2）如果按照表 1-6 所示的增长趋势，大约在哪一年我国的人口达到 13 亿？

解：设 1951～1959 年的人口增长率分别为 r_1，r_2，$\cdots$，r_9.

由 $55196(1 + r_1) = 56300$，可得 1951 年的人口增长率 $r_1 \approx 0.0200$. 同样可得到：

$r_2 \approx 0.0210$，$r_3 \approx 0.0229$，$r_4 \approx 0.0250$，$r_5 \approx 0.0197$，

$r_6 \approx 0.0223$，$r_7 \approx 0.0276$，$r_8 \approx 0.0222$，$r_9 \approx 0.0184$.

于是，1951～1959 年期间，我国人口的年平均增长率为：

$$r = (r_1 + r_2 + \cdots + r_9) \div 9 \approx 0.0221$$

令 $y_0 = 55196$，则我国在 1951～1959 年期间的人口增长模型为

$y = 55196\mathrm{e}^{0.0221t}$，$t \in \mathbf{N}$.

根据表 1-6 中的数据做出散点，并绘制函数 $y = 55196\mathrm{e}^{0.0221t}$（$t \in \mathbf{N}$）的图形（图 1-28）.

由图 1-32 可以看出，所得模型与 1950～1959 年的实际人口数据基本吻合.

（2）将代入 $y = 130000$　$y = 55196\mathrm{e}^{0.0221t}$，由计算可得 $t \approx 38.76$.

所以，如果按表 1-6 的增长趋势，大约在 1950 年后的第 39 年（即 1989 年）我国的人口达 13 亿. 由此可以看到，如果不实行计划生育，而是让人口自然生长，我国在某个时间段将面临难以承受的人口压力.

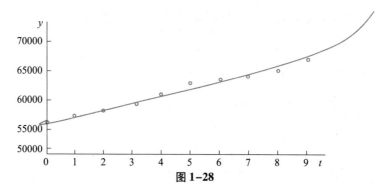

图 1-28

5.3　重要技能备忘录

5.3.1　基本初等函数

1-8 基本初等
函数总结

我们最常用的有六类基本初等函数，分别是常值函数、指数函数、对数函数、幂函数、三角函数及反三角函数．这六类基本初等函数的总结见表 1-4.

5.3.2　求定义域的几种情况

（1）若 $f(x)$ 是整式，则函数的定义域是实数集；

（2）若 $f(x)$ 是分式，则函数的定义域是使分母不等于 0 的实数集；

（3）若 $f(x)$ 是二次根式，则函数的定义域是使根号内的式子大于或等于 0 的实数集；

（4）若 $f(x)$ 是对数函数，真数应大于零；

（5）因为零的零次幂没有意义，所以对于幂函数其底数和指数不能同时为零；

（6）若 $f(x)$ 是由几个部分的数学表达式构成的，则函数的定义域是使各部分表达式都有意义的实数集合；

（7）若 $f(x)$ 是由实际问题抽象出来的函数，则函数的定义域应符合实际问题．

 "E" 随行

自主检测

1. 下列从 A 到 B 的对应中对应关系是 f：$x \to y$，能成为函数的是（　　）.

A. $A = B \in \mathbf{N}$，f：$x \to y = |x-3|$

B. $A = B \in \mathbf{R}$，f：$x \to y = \pm\sqrt{x}$

C. $A \in \mathbf{R}$，$B = \{x \in \mathbf{R} \mid x > 0\}$，$f$：$x \to y = x^2$

D. $A \in \mathbf{R}$，$B = \{0, 1\}$，f：$x \to y = \begin{cases} 1, & x \geq 0 \\ 0, & x < 0 \end{cases}$

2. 与函数 $y = x$ 有相同图形的函数是（　　）.

A. $y = (\sqrt{x})^2$ 　　　　　　　　　　B. $y = \sqrt{x^2}$

C. $y = \dfrac{x^2}{x}$ 　　　　　　　　D. $y = \sqrt[3]{x^3}$

3. 函数 $y = \dfrac{\sqrt{2-x}}{2x^2 - 3x - 2}$ 的定义域为 （　　）.

A. $(-\infty , 2]$ 　　　　　　　　B. $(-\infty , 1]$

C. $\left(-\infty , \dfrac{1}{2}\right) \cup \left(\dfrac{1}{2}, 2\right]$ 　　　　D. $\left(-\infty , \dfrac{1}{2}\right) \cup \left(\dfrac{1}{2}, 2\right)$

4. 已知 $f(x) = \begin{cases} x^2, & x > 0 \\ \pi, & x = 0 \\ 0, & x < 0 \end{cases}$ ，则 $f\{f[f(-2)]\}$ 的值是 （　　）.

A. 0 　　　　　　　　　　　　B. π

C. π^2 　　　　　　　　　　　D. 4

5. 函数 $y = \log_{\frac{1}{2}}(x^2 - 3x + 2)$ 的单调递减区间是 （　　）.

A. $(-\infty , 1)$ 　　　　　　　　B. $(2, +\infty)$

C. $\left(-\infty , \dfrac{3}{2}\right)$ 　　　　　　　D. $\left(\dfrac{3}{2}, +\infty\right)$

6. 若 $2\lg(x - 2y) = \lg x + \lg y$ ，则 $\dfrac{y}{x}$ 的值为 （　　）.

A. 4 　　　　　　　　　　　　B. 1 或 $\dfrac{1}{4}$

C. 1 或 4 　　　　　　　　　　D. $\dfrac{1}{4}$

7. 函数 $y = \sqrt{2}\sin 2x \cos 2x$ 是 （　　）.

A. 奇函数，周期为 $\dfrac{\pi}{4}$ 　　　　B. 偶函数，周期为 $\dfrac{\pi}{2}$

C. 奇函数，周期为 $\dfrac{\pi}{2}$ 　　　　D. 偶函数，周期为 $\dfrac{\pi}{4}$

8. 有函数 $y = x|x| + px$ ，$x \in \mathbf{R}$ ，则函数是 （　　）.

A. 偶函数 　　　　　　　　　　B. 不是奇偶函数

C. 奇函数 　　　　　　　　　　D. 与 p 有关

9. 定义在 $\mathbf{R}$ 上的偶函数 $f(x)$ ，满足 $f(x + 1) = f(x)$ ，且在区间 $[-1, 10]$ 内为增函数，则 （　　）.

　A. $f(3) < f(\sqrt{2}) < f(2)$ 　　　　B. $f(2) < f(3) < f(\sqrt{2})$

　C. $f(3) < f(2) < f(\sqrt{2})$ 　　　　D. $f(\sqrt{2}) < f(2) < f(3)$

10. 已知 $f(x) = 3([x] + 3)^2 - 2$ ，其中 $[x]$ 表示不超过 x 的最大整数，如 $[3.1] = 3$ ，则 $f(-3.5) = $ （　　）.

A. -2 　　　　　　　　　　　B. $-\dfrac{5}{4}$

C. 1   D. 2

11. 已知函数 $f(x) = x^2 + x + 1$，则 $f(2x)$ 的解析式为_____.

12. 已知函数 $f(x)$ 的定义域为 $[0, 1]$，函数 $f(x^2)$ 的定义域为_____.

13. 已知 $\sin\alpha = \dfrac{1}{3}$，$\alpha$ 是第二象限角，则 $\cos\alpha =$ _____.

14. 已知 $\tan\alpha = 2$，则 $\dfrac{\sin\alpha + \cos\alpha}{\sin\alpha - \cos\alpha} =$ _____.

15. 建造一个容积为 8m^3、深为 2m 的长方体无盖水池，如果池底和池壁的造价分别为 120 元$/\text{m}^2$ 和 80 元$/\text{m}^2$，则总造价 y 关于底面一边长 x 的函数解析式为_____.

16. 判断下列各组两个函数是否相同，并说明理由.

（1）$y = \sin^2 x + \cos^2 x$ 与 $y = 1$；

（2）$y = \ln x^2$ 和 $y = 2\ln x$.

17. 确定下列函数的定义域.

（1）$y = \sqrt{25 - x^2}$；

（2）$y = \ln(4x - 5)$；

（3）$y = \sqrt{x - 1} + (x - 3)^0$；

（4）$y = \dfrac{\sqrt{9 - x^2}}{x + 2}$；

（5）$y = \sqrt{1 - x} + \dfrac{3}{\lg x}$；

（6）$y = \sqrt{x + 2} - \ln\dfrac{2}{1 - x}$.

18. 设函数 $f(x) = 2x^2 + 1$，求 $f\left(\dfrac{1}{2}\right)$，$f(x + \Delta x) - f(x)$.

19. 设函数 $f(x) = \begin{cases} \sqrt{1 - x^2}, & |x| \leqslant 1 \\ x^2 - 1, & 1 < |x| < 2 \end{cases}$. 求 $f\left(\dfrac{1}{2}\right)$，$f(-\sqrt{2})$ 及函数的定义域.

20. 求函数 $y = 2^x + 1$ 的反函数.

21. 指出下列函数是由哪些函数复合而成的.

（1）$y = (2x - 3)^7$；   （2）$y = \sqrt{\ln(x + 1)}$；   （3）$y = \mathrm{e}^{\arcsin x^2}$.

22. 美国的高税收是世界上出名的，生活在那里的人们总在抱怨各种税收. 以工薪阶层的个人所得税为例，以年收入 17850 美元为界，小于（含等于）这个数字的缴纳 15% 的个人所得税，高于 17850 美元的缴纳 28% 的个人所得税.

（1）年收入 40000 美元的美国公民应缴纳多少个人所得税？

（2）美国政府规定捐赠可以免税，即收入中捐赠部分在交税时给予扣除，一位年收入 20000 美元的美国公民捐赠了 2200 美元，问他的实际收入有没有因为捐赠而减少？

（3）年收入 20000 美元的美国公民捐赠多少美元，可使他的实际收入最多？

5.4 学习资源服务——趣味"函数"摄影

当复杂的函数与摄影相联系时，会让人感到新奇．美国罗切斯特技术学院数学和摄影系的学生 Nikki Graziano 拍摄的一组照片（见图 1-29～图 1-34），相当有趣．她认为，很多风景摄影作品中都有函数的存在，而人们总感到函数离生活很遥远，所以她拍摄并制作这些照片是想让人们认识到数学真的很酷．

1-9 疯狂函数操

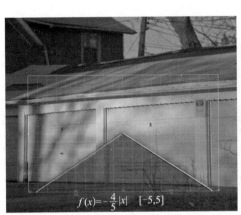

图 1-29

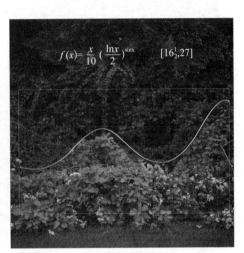

图 1-30

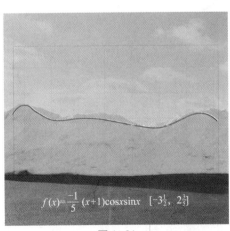

图 1-31

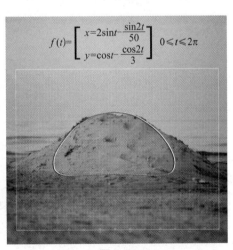

图 1-32

$f(x)=\frac{1}{3}(x^3+y^3)=6xy$, $[-2\frac{2}{10}, 15x\frac{7}{10}]$

图 1-33

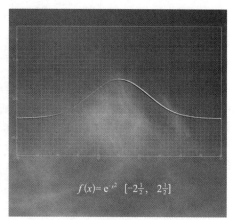

$f(x)=e^{-x^2}$ $[-2\frac{1}{2}, 2\frac{1}{2}]$

图 1-34

第二单元 极限

第一部分 单元导读

2-1 单元导读

内容简介

极限是微积分学中最重要的概念之一，是研究微积分学的理论基础和基本方法，是对现实世界中各种变量的"变化趋势"的概括．掌握极限的概念与计算可为后续导数与积分的学习奠定基础．本章主要讨论数列极限、函数极限的定义，介绍计算函数极限的法则、函数的连续性及利用数学软件来计算极限．

教学目的

（1）理解数列极限、函数极限的概念，会求函数在一点处的左右极限，掌握函数极限存在的充分必要条件．

（2）理解无穷小量、无穷大量的概念，熟练掌握无穷小的性质，掌握无穷小量与无穷大量的关系．

（3）熟练掌握极限的四则运算法则．

（4）熟练掌握用两个重要极限求极限的方法．

（5）理解函数连续、间断点的概念，掌握初等函数的连续性，了解闭区间上连续函数的性质．

（6）能够利用极限知识解决实际问题．

极限先生引导图见图 2-1．

Hi，大家好，我是极限先生！很高兴在这里和大家见面，接下来我将带领大家一起更深入地走近我……

极限

图 2-1

第二部分　数学文化与生活

2.1　极限思想发展

古人的智慧——求圆的面积.

圆面积的求解是古时候最伟大的发现之一，从直到曲经历了很复杂的过程，我们一起来看看为了求解圆的面积，是如何大费周折的吧！（图2-2、图2-3）

2-2 极限思想引例

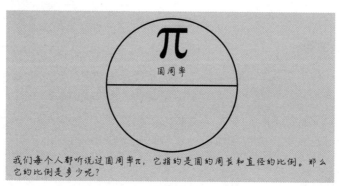

我们每个人都听说过圆周率π，它指的是圆的周长和直径的比例。那么它的比例是多少呢？

图 2-2

计算到192边形，得到π = 3.14，又计算到3072边形，得到π = 3.1416，称为"徽率"

图 2-3

2.2　无处不在的极限

2.2.1　你听说过这样的实际问题吗

1. 谁会放下最后一枚硬币呢

两人坐在方桌旁，相继轮流往桌面上平放一枚同样大小的硬币. 当最后桌面上只剩下一个位置时，谁放下最后一枚，谁就胜利了. 设两人都是高手，是先放者胜还是后放者胜？（G·波利亚称为"由来已久的难题"）G·波利亚的精巧解法是"一猜一证"：猜想（把问题极端化）如果桌面小到只能放下一枚硬币，那么先放者必胜．证明（利用对称性）：由于方桌有对称中心，先放者可将第一枚硬币占据桌面中心（图2-4），以后每次都将硬币放在对方所放硬币关于桌面中心对称的位置，先放者必胜．从波利亚的精巧解法中，我们可以看到，他是利用极限的思想考察问题的极端状态，探索出解题方向或转化途径．极限思想是一种重要的数学思想，灵活地借助极限思想，可以避免复杂运算，探索解题新思路．

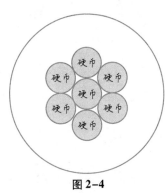

图 2-4

2. 面对眼花缭乱的极限运动你害怕吗

不知从什么时候开始，各种眼花缭乱的"极限运动""极限拓展运动"（图2-5）映入人们眼帘．我们参加这些极限运动，拼的是什么呢？极限的含义是什么呢？根据什么去选择这些极限运动项目呢？

图 2-5

3. 如何分呢：一位老人要把自家的19头牛分给三个儿子

一位老人家辛苦了半辈子，年纪大了，准备把家里最值钱的19头大黄牛分给自己懂事的三个儿子，平分不开又想要"一碗水端平"，不让儿子们有意见，这下可愁坏了老人家，大家一起想想，该如何分这19头牛呢？（图2-6）

图 2-6

4. 想象过一片雪花的面积吗

几何直观和生活常识告诉我们，有界区域中任意一条封闭曲线所围成的图形，它的周长和面积是有限的，比如圆和长方形．但并不是所有封闭曲线所围成图形的周长和面积都是有限的．

1904 年，瑞典数学家柯赫（*H. von Koch*，1870—1924）构造出 *Koch* 雪花曲线．从图（图 2-7）上看 *Koch* 雪花也是由封闭曲线所围成，那么如何演示 *Koch* 雪花的构造过程，并在此过程中计算出 *Koch* 雪花的周长和面积？

图 2-7

5. 由你来定：现实中的不规则曲线的长度

曼德布罗特在他的著作中探讨了英国的海岸线（图 2-8）有多长的问题．他指出由于海岸线的水陆分界线具有各种层次的不规则性，测量时所使用的测量单位的差异会直接导致测量结果的不同．如果用千米作测量单位，从几米到几十米的一些曲线会被忽略；改用米作测量单位，从几米到几十米的一些曲线能被测出，这时测得的总长度会增加，但是一些厘米量级以下的就不能反映出来．就是说，在测量尺寸足够小的情况下我们可以测得更长的海岸线，所以海岸线的长度不能用测量的方法得到准确值．答案：取决于你的尺子．如果尺子的测量单位无限小，测得的长度将会是无穷大．英国海岸线的长度应该是无穷大．

原因是：当你用一把固定长度的直尺（没有刻度）来测量时，对海岸线上两点间的小于尺子长度的曲线，只能用直线来近似．因此，测得的长度是不精确的．如果你用更小的尺子来刻画这些细小之处，就会发现，这些细小之处同样也是无数的曲线近似而成的. 随着你不停地缩短你的尺子，你发现的细小曲线就越多，你测得的曲线长度也就越长.

图 2-8

6. 衣服能彻底洗干净吗

洗一件衣服，先用水和洗涤剂把衣服洗涤，拧一下，然后再用水把衣服漂清. 由于不能拧得很干，衣服上仍带有含污物的水. 设衣服上残存的污物量为 m_0（包括洗涤剂），残存水量为 w，我们还有一桶清水，水量为 A. 问怎样合理地使用这一桶清水，才能尽可能地把衣服洗干净？

以上问题在解决过程中都需要用到极限的思想和方法.

2.2.2 解决极限，提前预告

1. 看看古时候的分牛问题吧

情境：【分牛问题】有一个农夫家里养了 19 头牛，在他去世前把 19 头牛分给了三个儿子，他的分配原则是：老大得总数的 $\frac{1}{2}$，老二得总数的 $\frac{1}{4}$，老三得总数的 $\frac{1}{5}$. 最终他们三人为了分牛，争吵起来. 他们去找县官给分牛.

请设想一下结果.

可能结果 1：县官：你们的父亲真是一个糊涂人，19 怎么能整除 2？19 也无法整除 4 和 5，好好问一问，问清楚了再来找本老爷. 结果三个儿子被轰了出来.

可能结果 2：县官：你们的父亲真糊涂，19 怎么能整除 2？19 也无法整除 4 和 5. 但是难不倒本老爷，我给你们分，本着四舍五入原则，$19 \div 2 = 9.5 \approx 10$，老大得 10 头牛；$19 \div 4 = 4.75 \approx 5$，老二得 5 头牛；$19 \div 5 = 3.8 \approx 4$，老三得 4 头牛. 可是三人觉得不公平，都觉得对方得到的多，不同意县官的分法.

可能结果3：县官：去再给我牵头牛来，现在一共有20头牛，老大分 $\frac{1}{2}$，牵走10头牛；老二分 $\frac{1}{4}$，牵走5头牛；老三分 $\frac{1}{5}$，牵走4头牛. 好了，剩下一头，正好是老爷我的. 三个儿子无话可说，各自牵着牛回家了.

呵呵！怎么这么厉害！这是什么原理？使用了什么公式？

下面我们来解析一下分牛的过程：

由于19头牛是无法一次分完，假设牛可分割.

第一次分19头牛后剩余：$19 \times \left(1 - \frac{1}{2} - \frac{1}{4} - \frac{1}{5}\right) = \frac{19}{20}$.

第二次分 $\frac{19}{20}$ 头牛后剩余：$\frac{19}{20} \times \left(1 - \frac{1}{2} - \frac{1}{4} - \frac{1}{5}\right) = \frac{19}{20^2}$.

第三次分 $\frac{19}{20^2}$ 头牛后剩余：$\frac{19}{20^2} \times \left(1 - \frac{1}{2} - \frac{1}{4} - \frac{1}{5}\right) = \frac{19}{20^3}$.

第 n 次分 $\frac{19}{20^{n-1}}$ 头牛后剩余：$\frac{19}{20^{n-1}} \times \left(1 - \frac{1}{2} - \frac{1}{4} - \frac{1}{5}\right) = \frac{19}{20^n}$.

老大共分得牛：$19 \times \frac{1}{2} + \frac{19}{20} \times \frac{1}{2} + \cdots + \frac{19}{20^n} \times \frac{1}{2} + \cdots = \frac{1}{2} \times \dfrac{19\left(1 - \frac{1}{20^n}\right)}{1 - \frac{1}{20}} \approx 10$.

老二共分得牛：$19 \times \frac{1}{4} + \frac{19}{20} \times \frac{1}{4} + \cdots + \frac{19}{20^n} \times \frac{1}{4} + \cdots = \frac{1}{4} \times \dfrac{19\left(1 - \frac{1}{20^n}\right)}{1 - \frac{1}{20}} \approx 5$.

老三共分得牛：$19 \times \frac{1}{5} + \frac{19}{20} \times \frac{1}{5} + \cdots + \frac{19}{20^n} \times \frac{1}{5} + \cdots = \frac{1}{5} \times \dfrac{19\left(1 - \frac{1}{20^n}\right)}{1 - \frac{1}{20}} \approx 4$.

在计算过程中仅仅涉及无穷递减等比数列的和的计算（就是求极限）. 在这里，简单地给出等比数列公式.

一个无穷递减等比数列：a_1，$a_1 q$，$a_1 q^2$，$a_1 q^3$，$\cdots$，$a_1 q^n$，$\cdots$.

记 $s = a_1 + a_1 q + a_1 q^2 + a_1 q^3 + a_1 q^n + \cdots$.

公式：$s = \dfrac{a_1}{1 - q}$.

极限的主要思想是什么？相关的极限公式有哪些？极限如何计算？利用极限如何解决实际问题？等到学完本单元内容后，你就明白了. 上述的公式会在极限内容里出现，一定要认真学习啊！

2. 一起揭开"极限"神秘的面纱

极限一词经常出现在生活中，大家或许有这样类似经历：譬如开学前的一天，作业没有完成，于是你拼命地补作业；长跑 3 千米，累得气喘吁吁，终点却遥遥不可及．此时我们唯一的想法："不行了！""忍受不了！""没有尽头了？"，这就是生活中的极限状态．那么数学中的极限是一种怎样的感觉呢？

极限思想很早就存在，早在两千多年前，《庄子》有云："一尺之棰，日取其半，而万世不竭."魏晋时期的刘徽提出"割之弥细，所失弥少，割之又割，以至于不可割，则与圆合体而无所失矣."这是刘徽利用"割圆术"计算圆周率和圆面积．古希腊数学家阿基米德利用穷竭法，突破原有的有限运算，采用无限逼近思想解决了求几何图形的面积、体积、曲线长等问题．这些都是早期的极限思想，是极限理论的雏形．

整个世界既是物质的，又是运动的．极限理论的出现解决了初等数学中无法解决的问题，譬如求瞬时速度、曲线长度、不规则图形面积、旋转体体积等．借助极限理论，人们从有限认识到无限，从"不变"认识到"变"，从直线长认识到曲线长，从量变认识到质变．刘徽用圆内接正多边形逼近圆，阿基米德用线段逼近曲线、用圆柱体体积逼近旋转体体积．又如求变速直线运动的瞬时速度时，速度是变量，为此可以在非常小的时间段内用匀速代替变速，用平均速度逼近瞬时速度．这就是极限理论，它揭示了常量与变量、有限与无限的对立和统一关系．

极限理论是微积分理论的基础，它如同微积分一样广泛应用在经济、运动、保险、建筑等领域．在经济学中出现的边际概念和弹性概念都是用极限定义的；在保险学中常用到的大数定律和中心极限定理也运用到极限理论；在运动学中瞬时速度、加速度的求取，在化学中的反应平衡和反应速度，这些学科也用到了极限理论．所以极限理论是近代数学的理论基础，是解决问题的有力工具．

认真来学一学，学完本单元后，你就了解极限思想的强大功能啦！就可以解释或者解决一些原来解决不了的问题，下面就由"极限先生"带领大家进行一次极限之旅．

第三部分　知识纵横——极限之旅

游学示意图

在本单元中我们将学习函数极限的定义，函数在一点处的左右极限，极限的四则运算法则，两个重要极限，无穷小、无穷大的定义及二者之间的关系，函数连续性的定义，函数的间断点及其分类，连续函数在闭区间上的性质．本单元游学示意图见图 2-9．

3.1　极限初识——数列到函数的极限进化

我们一起看看生活中的"极限"问题，大家可以谈谈自己对极限的看法．（图 2-10）

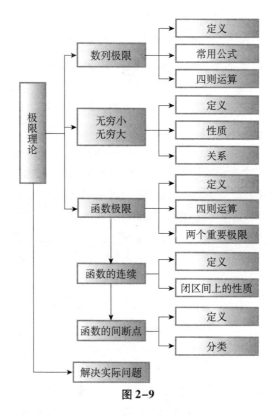

图 2-9

图 2-10

我们就先从数列和极限的联系说起吧！看看漫画（图2-11）中的问题，回忆一下你所学过的知识.

图2-11

3.1.1 数列的极限

我们先来回忆一下初等数学中数列的概念.

数列：若按照一定的法则，有第一个数 a_1，第二个数 a_2，……，依次排列下去，使得任何一个正整数 n 对应着一个确定的数 a_n，那么，我们称这列有次序的数 a_1，a_2，$\cdots$，a_n，$\cdots$ 为数列，简记为数列 $\{a_n\}$. 数列中的每个数叫作数列的项，第 n 项 a_n 叫作数列的一般项或通项.

1. 极限思想的雏形

极限通俗地讲就是无限制地接近.

魏晋时期的刘徽所提出的"割圆术"就是早期的极限思想（图2-12）. 他把直径为2的圆先分割为6等分，再分割成12等分、24等分……（见图2-13），这样继续下去，他一直计算到圆内接正3072边形. 通过这种方法，计算得到 π = 3.1416.

图2-12

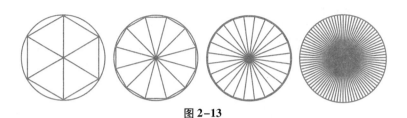

图 2-13

2. 数列的极限

例 1 观察下列数列，当 $n \to \infty$ 时的变化趋势：

2-3 极限定义的
游戏解释

（1）$\dfrac{1}{2}$，$\dfrac{2}{3}$，$\dfrac{3}{4}$，$\cdots$，$\dfrac{n}{n+1}$，$\cdots$；

（2）2，4，8，16，$\cdots$，2^n，$\cdots$；

（3）$\dfrac{1}{2}$，$\dfrac{1}{4}$，$\dfrac{1}{8}$，$\dfrac{1}{2^n}$，$\cdots$；

（4）1，-1，1，$\cdots$，$(-1)^{n+1}$，$\cdots$．

通过观察我们发现，当 n 无限增大时：

（1）$a_n = \dfrac{n}{n+1}$ 无限趋近于常数 1；

（2）$a_n = 2^n$ 无限增大，不趋近于任何常数；

（3）$a_n = \dfrac{1}{2^n}$ 无限趋近于常数 0；

（4）$a_n = (-1)^{n+1}$ 始终在 1 和 -1 之间来回跳动，并不趋近于任何确定的常数．

由例 1 可知，当项数 n 无限增大时，数列通项的变化趋势有两种：一是无限趋近于某个唯一确定的常数；另一种是不趋近于任何确定的常数．

数列的极限的定义如下：

（1）描述性定义：一般地，对于无穷数列 $\{a_n\}$ 来说，若随着项数 n 无限增大，数列的 $\{a_n\}$ 无限地趋近于某个常数 a，那么就称常数 a 是数列 $\{a_n\}$ 的极限，或者称数列 $\{a_n\}$ 收敛于 a．

数列极限的表示：

$$\lim_{n \to \infty} a_n = a \text{ 或 } a_n \to a(n \to \infty)$$

（2）数列极限的几何解释：数列 $\{a_n\}$ 的极限为 a，将常数 a 及数列 a_1，a_2，$\cdots$，a_n，$\cdots$ 在数轴上用它们的对应点表示出来，再在数轴上作点 a 的 ε 邻域，即开区间 $(a-\varepsilon,\ a+\varepsilon)$，如图 2-14 所示．

图 2-14

即 a 的任意 ε 邻域，都存在一个足够大的确定的自然数 N，使数列 $\{a_n\}$ 中，所有下标大于 n 的 a_n，都落在区间 $(a-\varepsilon,\ a+\varepsilon)$ 内；而在区间 $(a-\varepsilon,\ a+\varepsilon)$ 外，最多只有数列 $\{a_n\}$ 中的有限项．

接下来我们分别讨论一下吧！（图2-15）

图 2-15

3.1.2 函数的极限（分两种情况）

1. 自变量趋向无穷大时函数的极限

考察函数 $f(x) = \dfrac{1}{x}$，当自变量趋向无穷大时函数的变化趋势．（图2-16）

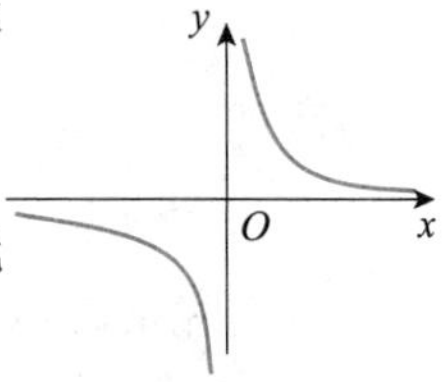

由图2-16可以看出，对于函数 $f(x) = \dfrac{1}{x}$，当自变量趋向无穷大时，函数无限趋近于常数0，我们称0为 $f(x) = \dfrac{1}{x}$ 当 $x \to \infty$

图 2-16

（自变量趋向无穷大）时的极限．

描述性定义：已知函数 $y = f(x)$，如果当 $x \to \infty$ 时，函数 $f(x)$ 无限趋近一个确定的常数 A，则称 A 为函数 $y = f(x)$ 当 $x \to \infty$ 时的极限．

函数极限的表示：函数 $y = f(x)$ 当 $x \to \infty$ 时的极限，记作 $\lim\limits_{x \to \infty} f(x) = A$．

注意：在上述定义中，$x \to \infty$ 指的是 x 既取正值无限增大（记为 $x \to +\infty$），又取负值且绝对值无限增大（记为 $x \to -\infty$）．但，有时只能或只须考虑其中一种变化趋势．

（1）若只考虑 $x \to +\infty$ 的情形，则记为
$$\lim\limits_{x \to +\infty} f(x) = A \text{ 或 当 } x \to +\infty \text{ 时}, f(x) \to A.$$

（2）若只考虑 $x \to -\infty$ 的情形，则记为
$$\lim\limits_{x \to -\infty} f(x) = A \text{ 或 当 } x \to -\infty \text{ 时}, f(x) \to A.$$

例2 讨论当 $x \to \infty$ 时，函数 $y = \arctan x$ 的极限．

解：由图2-17可以看出，$\lim\limits_{x \to +\infty} \arctan x = \dfrac{\pi}{2}$，$\lim\limits_{x \to -\infty} \arctan x = -\dfrac{\pi}{2}$．由于当 $x \to +\infty$ 和 $x \to -\infty$ 时，函数 $y = \arctan x$ 不能无限趋近于同一个确定的常数，所以 $\lim\limits_{x \to \infty} \arctan x$ 不存在．

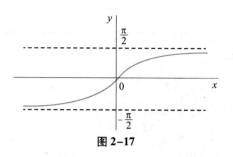

图 2-17

几何意义：若函数 $y = f(x)$ 当 $x \to \infty$ 时有极限 A 存在，意味着 $|x|$ 充分大时，函数 $f(x)$ 的图形在水平直线 $y = A$ 附近活动，如图 2-18 所示.

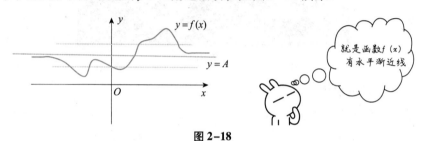

就是函数 $f(x)$ 有水平渐近线

图 2-18

定理 1：$\lim\limits_{x \to \infty} f(x) = A$ 的充分必要条件是 $\lim\limits_{x \to +\infty} f(x) = \lim\limits_{x \to -\infty} f(x) = A$.

2. 自变量趋近有限值时函数的极限

我们先来看一个例子.

例：函数 $f(x) = \dfrac{x^2 - 1}{x - 1}$，当 $x \to 1$ 时函数值的变化趋势如何？

函数在 $x = 1$ 处无定义. 我们知道对实数来讲，在数轴上任何一个有限的范围内，都有无穷多个点，为此我们把 $x \to 1$ 时函数值的变化趋势用表列出，如下：

x	$\cdots 0.9$	0.99	$0.999 \cdots$	$\mid 1$	$\cdots 1.001$	1.01	$1.1 \cdots$
$f(x)$	$\cdots 1.9$	1.99	$1.999 \cdots$	$\mid 2$	$\cdots 2.001$	2.01	$2.1 \cdots$

从中我们可以看出 $x \to 1$ 时，$f(x) \to 2$. 而且只要 x 与 1 无限接近，$f(x)$ 就与 2 无限接近.

描述性定义：设函数 $f(x)$ 在点 x_0 的某个去心邻域内有定义，如果当 $x \to x_0$（x 从左右两边同时趋近于 x_0）时，函数 $f(x)$ 无限接近一个确定的常数 A，则称 A 为函数 $f(x)$ 当 $x \to x_0$ 时的极限，记作 $\lim\limits_{x \to x_0} f(x) = A$.

几何意义：当自变量在区间 $[x_0 - \delta, \ x_0 + \delta]$ 内，函数 $f(x)$ 在直线 $y = A - \varepsilon$ 和 $y = A + \varepsilon$ 之间活动.（图 2-19）

例 3 考察极限 $\lim\limits_{x \to x_0} C$ 和极限 $\lim\limits_{x \to x_0} x$.

解：当 $x \to x_0$ 时，函数 $f(x)$ 的值恒为 C，所以 $\lim\limits_{x \to x_0} C = C$.

当 $x \to x_0$ 时，函数 $f(x) = x$ 的值无限趋近于 x_0，所以 $\lim\limits_{x \to x_0} x = x_0$.

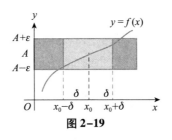

图 2-19

3.1.3 对比极限

下面我们用表格把函数的极限与数列的极限对比一下吧！（表 2-1）

表 2-1

数列的极限的定义	函数的极限的定义
已知数列 $a_n = f(n)$，如果当 n 无限增大（$n \to +\infty$）时，数列 $a_n = f(n)$ 无限地趋近于一个常数 A，则称数列 a_n 当 $n \to +\infty$ 时收敛于 A，记作 $\lim\limits_{n \to \infty} a_n = A$	已知函数 $y = f(x)$，如果当（$x \to +\infty$）时，函数 $f(x)$ 无限地趋近一个确定的常数 A，则称 A 为函数 $y = f(x)$ 当 $x \to +\infty$ 时的极限，记作 $\lim\limits_{x \to +\infty} f(x) = A$

从表 2-1 中我们发现了什么呢？可以看出数列的极限与函数的极限有着非常紧密的联系，但也有实质的区别，试着讨论一下吧！

怎么样？了解极限的含义了吧！让我们通过下面的漫画（图 2-20）来进一步了解极限的表示方法及相关符号的数学解释吧！

图 2-20

3.1.4 左、右极限

我们一起看看漫画图（图2-21）提出的问题吧，你能明白吗？

在讨论 $x \to x_0$ 时函数 $f(x)$ 的极限问题时，有时需要限制在 x_0 的左侧或右侧，这样就有了单侧极限的概念.

图 2-21

在学习左极限、右极限的概念之前，我们先来看一个例子.（图2-22）

例4 讨论符号函数 $\text{sgn}(x)$，当 $x \to 0$ 时有无极限存在.

对于这个符号函数 $\text{sgn}(x)$，当 x 从 0 的左侧趋于 0 和从 0 的右侧趋于 0 时函数极限是不相同的. 为此我们定义了左、右极限的概念.

$$\text{sgn}(x) = \begin{cases} -1, & x < 0 \\ 0, & x = 0 \\ 1, & x > 0 \end{cases}$$

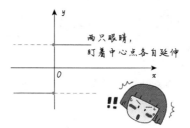

图 2-22

定义：设函数 $f(x)$ 在点 x_0 的某个左邻域 $(x_0 - \delta, x_0)$ 内有定义，如果 x 仅从左侧（$x < x_0$）趋近 x_0 时，函数 $f(x)$ 无限接近于一个确定的常量 A，则称 A 为函数 $f(x)$ 当 $x \to x_0$ 时的左极限，记作 $\lim\limits_{x \to x_0^-} f(x) = A$.

设函数 $f(x)$ 在点 x_0 的某个右邻域 $(x_0, x_0 + \delta)$ 内有定义，如果 x 仅从右侧（$x >$

x_0）趋近 x_0 时，函数 $f(x)$ 无限接近于一个确定的常量 A，则称 A 为函数 $f(x)$ 当 $x \to x_0$ 时的右极限，记作 $\lim\limits_{x \to x_0^+} f(x) = A$．（图 2–23）

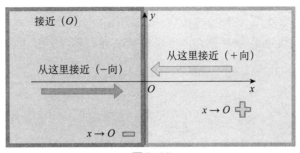

图 2–23

由上述定义可知，符号函数当 $x \to 0$ 时，左极限 $\neq$ 右极限，则称该函数的极限不存在．

左极限、右极限统称为单侧极限．

定理 2：$\lim\limits_{x \to x_0} f(x) = A$ 的充分必要条件是 $\lim\limits_{x \to x_0^+} f(x) = \lim\limits_{x \to x_0^-} f(x) = A$．

该定理常用来讨论分段函数在分段点处的极限是否存在．

怎么样？明白了吗？只有当 $x \to x_0$ 时，函数 $f(x)$ 的左、右极限存在且相等，则称 $f(x)$ 在 $x \to x_0$ 时有极限．具体我们一起看看图 2–24 所示吧！

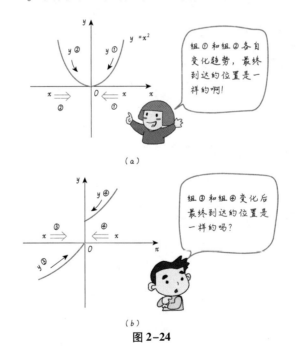

图 2–24

解释： 由图 2–24（a）可见，函数 $y = x^2$ 当 $x \to 0$ 时，左极限＝右极限，所以函数 $y = x^2$ 当 $x \to 0$ 时极限存在；由图 2–24（b）可见，函数当 $x \to 0$ 时，左极限 $\neq$ 右极限，所以函数当 $x \to 0$ 时极限不存在．

🎧 **技巧点拨**

（1）一个变量无限接近另外一个常数的状态就是极限；

（2）充分结合函数图形确定相关极限；

（3）注意函数极限的书写形式，理清每项之间的关系；

（4）$\lim\limits_{x \to x_0} C = C$，$\lim\limits_{x \to x_0} x = x_0$，$\lim\limits_{x \to \infty} \dfrac{1}{x} = 0$.

📅 **能力操练** 3.1

1. 用观察的方法说出下列函数的极限.

（1）$\lim\limits_{x \to \infty} \dfrac{1}{x}$；

（2）$\lim\limits_{x \to -\infty} e^x$；

（3）$\lim\limits_{x \to \infty} \arctan x$；

（4）$\lim\limits_{x \to x_0} x$；

（5）$\lim\limits_{x \to 1} \dfrac{x^2 - 1}{x - 1}$.

2. 设函数 $f(x) = \begin{cases} -x, & x < 0 \\ x, & x \geq 0 \end{cases}$，求 $\lim\limits_{x \to 0} f(x)$.

3. 判断函数 $f(x) = \begin{cases} x + 1, & x < 0 \\ x^2, & x \geq 0 \end{cases}$，当 $x \to 0$ 时是否有极限？

4. 函数 $f(x) = \dfrac{|x - 1|}{x - 1}$，当 $x \to 1$ 时是否有极限？

5. 函数 $f(x) = \begin{cases} 2x, & -2 < x < 1 \\ 3, & x = 1 \\ x^2 + 1, & 1 < x < 3 \end{cases}$，求 $\lim\limits_{x \to 1} f(x)$ 和 $\lim\limits_{x \to 2} f(x)$.

📚 无穷——它的含义是什么呢？是不是也有大有小？（图 2-25）

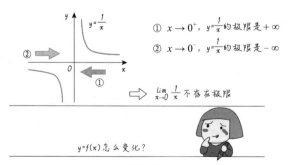

图 2-25

3.2 无穷大量和无穷小量

关于无穷大和无穷小的师生对话，见图 2-26.

图 2-26

我们先来看一个例子：

已知函数 $f(x) = \dfrac{1}{x}$，当 $x \to 0$ 时，可知 $|f(x)| \to \infty$，我们把这种情况称为 $f(x)$ 趋向无穷大。为此我们可定义如下。

定义：设有函数 $y = f(x)$ 在点 x_0 的去心邻域内有定义，当 $x \to x_0$（或 $x \to \infty$）时，函数 $f(x)$ 的绝对值无限增大，则称函数 $f(x)$ 为当 $x \to x_0$（或 $x \to \infty$）时的无穷大量（又称无穷大）。

无穷大量的表示：$\lim\limits_{\substack{x \to x_0 \\ (x \to \infty)}} f(x) = \infty$.

定义：设函数 $f(x)$ 在点 x_0 的去心邻域内有定义，如果当 $x \to x_0$（或 $x \to \infty$）时，函数 $f(x)$ 的极限等于零，则称函数 $f(x)$ 为当 $x \to x_0$（或 $x \to \infty$）时的无穷小量（又称无穷小）。

无穷小量的表示：$\lim\limits_{\substack{x \to x_0 \\ (x \to \infty)}} f(x) = 0$.

基本法则：

（1）无穷大量与无穷小量都是一个变化不定的量，不是常量，只有 0 可作为无穷小量的唯一常量.

（2）无穷大量与无穷小量的区别是：前者无界，后者有界，前者发散，后者收敛于 0.

2-4 无穷大与
无穷小

（3）无穷大量与无穷小量是互为倒数的关系.

（4）两个无穷小量的和、差及乘积仍旧是无穷小量.

（5）无穷小量与有界函数的乘积也是无穷小量.

无穷小量之间有没有区别？接下来我们就来解决这个问题，这就是我们要学习的两个无穷小量间的比较.

定义：设 α，β 都是 $x \to x_0$ 时的无穷小量，且 β 在 x_0 的去心邻域内不为零.

a）如果 $\lim\limits_{x \to x_0} \dfrac{\alpha}{\beta} = 0$，则称 α 是 β 的高阶无穷小或 β 是 α 的低阶无穷小.

b）如果 $\lim\limits_{x \to x_0} \dfrac{\alpha}{\beta} = c \neq 0$，则称 α 和 β 是同阶无穷小.

c）如果 $\lim\limits_{x \to x_0} \dfrac{\alpha}{\beta} = 1$，则称 α 和 β 是等价无穷小，记作 $\alpha \sim \beta$（α 与 β 等价）.

例 5　求 $\lim\limits_{x \to 0} x\sin\dfrac{1}{x}$.

解： 当 $x \to 0$ 时，x 是无穷小，$\sin\dfrac{1}{x}$ 是有界函数，利用基本法则可知

$$\lim_{x \to 0} x\sin\frac{1}{x} = 0$$

例 6　求极限 $\lim\limits_{x \to 1} \dfrac{x+3}{x-1}$.

解： 因为 $\lim\limits_{x \to 1} \dfrac{x-1}{x+3} = 0$，根据基本法则可得

$$\lim_{x \to 1} \frac{x+3}{x-1} = \infty$$

例 7　求极限 $\lim\limits_{x \to 0} \dfrac{1}{3x}$，$\lim\limits_{x \to 0} \dfrac{x^2}{3x}$ 和 $\lim\limits_{x \to 0} \dfrac{\sin x}{x}$.

因为 $\lim\limits_{x \to 0} \dfrac{x}{3x} = \dfrac{1}{3}$，所以当 $x \to 0$ 时，x 与 $3x$ 是同阶无穷小.

因为 $\lim\limits_{x \to 0} \dfrac{x^2}{3x} = 0$，所以当 $x \to 0$ 时，x^2 是 $3x$ 的高阶无穷小；

因为 $\lim\limits_{x \to 0} \dfrac{\sin x}{x} = 1$，所以当 $x \to 0$ 时，$\sin x$ 与 x 是等价无穷小.

怎么样，明白了吗？注意漫画图（图 2-27）中变化速度不同的两条线，加深对变化快慢的理解.

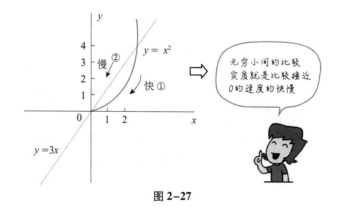

图 2-27

技巧点拨

（1）无穷小是极限为 0 的一个变量，不能与一个很小的数混淆.

（2）无穷大是指无限增大的一个变量，实质是极限不存在.

（3）在同一自变量变化过程中，无穷小与无穷大互为倒数关系.

(4) $\lim\limits_{x\to\infty}\dfrac{\sin x}{x}=0$；　$\lim\limits_{x\to\infty}\dfrac{\cos x}{x}=0$；　$\lim\limits_{x\to\infty}\dfrac{\arctan x}{x}=0$.

📅 能力操练 3.2

1. 函数 $y=\dfrac{x}{x-3}$ 在什么变化过程中是无穷小？又在什么变化过程中是无穷大？

2. 观察下列函数的变化趋势，指出哪些是无穷小？哪些是无穷大？

(1) $y=e^{x}$，$x\to+\infty$；

(2) $y=\dfrac{1}{x}$，$x\to0$；

(3) $y=\ln x$，$x\to1$；

(4) $y=\dfrac{\cos x}{x^{2}}$，$x\to\infty$.

3. 求下列极限.

(1) $\lim\limits_{x\to0}(x+\sin x)$；

(2) $\lim\limits_{x\to\infty}\dfrac{\arctan x}{x^{2}}$；

(3) $\lim\limits_{x\to2}\dfrac{x^{2}}{x-2}$；

(4) $\lim\limits_{n\to\infty}\left(\dfrac{1}{n^{2}}+\dfrac{2}{n^{2}}+\cdots+\dfrac{n}{n^{2}}\right)$.

3.3　函数极限计算规则

📚 基本规则

接下来，带着上面的问题我们一起看看极限有哪些规则呢？（图2-28）

图 2-28

3.3.1　函数极限的四则运算规则

函数可以做加、减、乘、除运算，所以求函数极限也有加、减、乘、除四则运算规则.

极限四则运算：若已知 $x \to x_0$（或 $x \to \infty$）时，$f(x) \to A$，$g(x) \to B$，则

$$\lim_{x \to x_0}(f(x) \pm g(x)) = A \pm B; \qquad \lim_{x \to x_0}f(x) \cdot g(x) = A \cdot B;$$

$$\lim_{x \to x_0}\frac{f(x)}{g(x)} = \frac{A}{B} \quad (B \neq 0).$$

推论：$\lim\limits_{x \to x_0}kf(x) = kA$（$k$ 为常数），$\qquad \lim\limits_{x \to x_0}[f(x)]^m = A^m$（$m$ 为正整数）.

2-5 极限四则运算

在求函数的极限时，利用上述规则就可把一个复杂的函数化为若干个简单的函数来求极限.

例 8　求 $\lim\limits_{x \to 1}\dfrac{3x^2 + x - 1}{4x^3 + x^2 - x + 3}$.

解：

$$\lim_{x \to 1}\frac{3x^2 + x - 1}{4x^3 + x^2 - x + 3} = \frac{\lim\limits_{x \to 1}3x^2 + \lim\limits_{x \to 1}x - \lim\limits_{x \to 1}1}{\lim\limits_{x \to 1}4x^3 + \lim\limits_{x \to 1}x^2 - \lim\limits_{x \to 1}x + \lim\limits_{x \to 1}3} = \frac{3 + 1 - 1}{4 + 1 - 1 + 3} = \frac{3}{7}.$$

例 9　求下列函数的极限.

(1) $\lim\limits_{x \to 2}\dfrac{x^2 - 4}{x - 2}$;

(2) $\lim\limits_{x \to 1}\dfrac{x^2 + 2x - 3}{x^2 - 1}$.

分析：经过观察发现分子、分母的极限都为 0，称这种类型为 $\dfrac{0}{0}$ 型. 解决方法是分子和分母先约去公因式 $x - x_0$，再利用四则运算法则求极限.

解：(1) $\lim\limits_{x \to 2}\dfrac{x^2 - 4}{x - 2} = \lim\limits_{x \to 2}\dfrac{(x - 2)(x + 2)}{x - 2} = \lim\limits_{x \to 2}(x + 2) = 4.$

(2) $\lim\limits_{x \to 1}\dfrac{x^2 + 2x - 3}{x^2 - 1} = \lim\limits_{x \to 1}\dfrac{(x - 1)(x + 3)}{(x - 1)(x + 1)} = \lim\limits_{x \to 1}\dfrac{x + 3}{x + 1} = \dfrac{4}{2} = 2.$

例 10　求下列极限.

(1) $\lim\limits_{x \to 0}\dfrac{x}{\sqrt{x + 1} - 1}$;

(2) $\lim\limits_{x \to 2}\dfrac{\sqrt{x} - \sqrt{2}}{x - 2}$.

分析：经过观察发现分子、分母的极限都为 0，称这种类型为 $\dfrac{0}{0}$ 型. 但是分子和分母中没有公因式 $x - x_0$，必须先进行根式有理化，再约分从而求出极限.

解：(1) $\lim\limits_{x \to 0}\dfrac{x}{\sqrt{x + 1} - 1} = \lim\limits_{x \to 0}\dfrac{x(\sqrt{x + 1} + 1)}{(\sqrt{x + 1} - 1)(\sqrt{x + 1} + 1)}$

$$= \lim_{x \to 0}\frac{x(\sqrt{x + 1} + 1)}{(\sqrt{x + 1})^2 - 1^2} = \lim_{x \to 0}\frac{\sqrt{x + 1} + 1}{1} = 2.$$

(2) $\lim\limits_{x \to 2}\dfrac{\sqrt{x} - \sqrt{2}}{x - 2} = \lim\limits_{x \to 2}\dfrac{\sqrt{x} - \sqrt{2}}{(\sqrt{x} - \sqrt{2})(\sqrt{x} + \sqrt{2})}$

$$= \lim_{x \to 2}\frac{1}{(\sqrt{x} + \sqrt{2})} = \frac{1}{2\sqrt{2}} = \frac{\sqrt{2}}{4}.$$

例 11　求 $\lim\limits_{x\to\infty}\dfrac{3x^3-4x^2+2}{7x^3+5x^2-3}$.

分析：我们通过观察可以发现此分式的分子和分母都没有极限，我们把这种类型称为 $\dfrac{\infty}{\infty}$ 型．像这种情况怎么办呢？我们换个变形的方法，分子和分母同时除以变量的最高次方．

解：$\lim\limits_{x\to\infty}\dfrac{3x^3-4x^2+2}{7x^3+5x^2-3}=\lim\limits_{x\to\infty}\dfrac{3-\dfrac{4}{x}+\dfrac{2}{x^3}}{7+\dfrac{5}{x}-\dfrac{3}{x^3}}=\dfrac{3}{7}$.

通过上述例题我们可以发现：当分式的分子和分母都没有极限时就不能运用商的极限的运算规则了，应先把分式的分子和分母转化为存在极限的情形，然后运用规则求之．

一般地，当 $a_0\neq0$，$b_0\neq0$，m，n 为非负整数时，有下列结论：

$$\lim\limits_{x\to\infty}\dfrac{a_0x^m+a_1x^{m-1}+\cdots+a_m}{b_0x^n+b_1x^{n-1}+\cdots+b_n}=\begin{cases}0,&m<n\\[2mm]\dfrac{a_0}{b_0},&m=n\\[2mm]\infty,&m>n\end{cases}.$$

3.3.2　两个重要极限公式

公式 1：$\lim\limits_{x\to0}\dfrac{\sin x}{x}=1$，

公式 2：$\lim\limits_{x\to\infty}\left(1+\dfrac{1}{x}\right)^x=\mathrm{e}$.

2-6 两个重要极限

注：其中 e 为无理数，它的值为 $\mathrm{e}=2.718281828459045\cdots$.

注：在此我们对这两个重要极限不加以证明，要牢记这两个重要极限，在今后的解题中会经常用到它们．

例 12　求下列极限.

（1）$\lim\limits_{x\to0}\dfrac{\sin2x}{3x}$；　　（2）$\lim\limits_{x\to0}\dfrac{\tan x}{x}$；　　　（3）$\lim\limits_{x\to0}\dfrac{1-\cos x}{x^2}$.

解：（1）$\lim\limits_{x\to0}\dfrac{\sin2x}{3x}=\lim\limits_{x\to0}\dfrac{\sin2x}{2x}\cdot\dfrac{2}{3}=\dfrac{2}{3}\lim\limits_{x\to0}\dfrac{\sin2x}{2x}=\dfrac{2}{3}$；

（2）$\lim\limits_{x\to0}\dfrac{\tan x}{x}=\lim\limits_{x\to0}\dfrac{\dfrac{\sin x}{\cos x}}{x}=\lim\limits_{x\to0}\dfrac{\sin x}{x}\cdot\dfrac{1}{\cos x}=1\times1=1$；

（3）$\lim\limits_{x\to0}\dfrac{1-\cos x}{x^2}=\lim\limits_{x\to0}\dfrac{2\sin^2\dfrac{x}{2}}{x^2}=\dfrac{2}{4}\lim\limits_{x\to0}\left(\dfrac{\sin\dfrac{x}{2}}{\dfrac{x}{2}}\right)^2=\dfrac{1}{2}$.

公式 1 的导出公式：$\lim\limits_{x\to0}\dfrac{\tan x}{x}=1$.

例 13　求 $\lim\limits_{x\to\infty}\left(1-\dfrac{2}{x}\right)^x$.

解：令 $t = \dfrac{-x}{2}$，则 $x = -2t$，因为 $x \to \infty$，故 $t \to \infty$，则

$$\lim_{x \to \infty} \left(1 - \frac{2}{x}\right)^x = \lim_{t \to \infty} \left(1 + \frac{1}{t}\right)^{-2t} = \lim_{t \to \infty} \left(1 + \frac{1}{t}\right)^{-2t} = \lim_{t \to \infty} \left[\left(1 + \frac{1}{t}\right)^t\right]^{-2} = e^{-2}.$$

注：解此类型的题目时，一定要注意代换后的变量的趋向情况，如 $x \to \infty$ 时，若用 t 代换 $1/x$，则 $t \to 0$。

例 14 求 $\lim\limits_{x \to \infty} \left(\dfrac{x + 1}{x}\right)^{2x}$.

分析：函数的形式不符合公式 2 的要求，所以必须把函数形为"1+无穷小"的形式才可以使用公式 2 计算极限.

解：$\lim\limits_{x \to \infty} \left(\dfrac{x + 1}{x}\right)^{2x} = \lim\limits_{x \to \infty} \left[\left(1 + \dfrac{1}{x}\right)^x\right]^2 = e^2.$

公式 2 的导出公式：$\lim\limits_{x \to \infty} \left(1 - \dfrac{1}{x}\right)^x = \dfrac{1}{e}.$

技巧点拨

（1）运用极限的四则运算法则时，各项的极限必须都存在，且分母的极限不为 0 才能适用；

（2）运用重要极限公式 1 时，要记住类型 $\dfrac{0}{0}$ 型，公式为 $\lim\limits_{\varphi(x) \to 0} \dfrac{\sin(\varphi(x))}{\varphi(x)} = 1$；

（3）运用重要极限公式 2 时，要记住类型 1^∞ 型，公式为 $\lim\limits_{\varphi(x) \to 0} (1 + \varphi(x))^{\frac{1}{\varphi(x)}} = e$；

（4）计算极限时，一定要分清极限的类型是 $\dfrac{0}{0}$ 型或 $\dfrac{\infty}{\infty}$ 型或 1^∞ 型，不同类型使用的法则和公式是不同的.

能力操练 3.3

2-7 游戏巩固

1. 求下列函数的极限.

（1）$\lim\limits_{x \to 2} (3x^2 + x - 2)$；

（2）$\lim\limits_{x \to 3} \dfrac{x - 3}{x + 1}$；

（3）$\lim\limits_{x \to 1} \dfrac{2x^2 - x - 1}{x^2 - 1}$；

（4）$\lim\limits_{x \to \infty} \dfrac{3x^2 + x}{2x^2 - 2x + 1}$；

（5）$\lim\limits_{x \to 0} \dfrac{x^2}{1 - \sqrt{1 + x^2}}$；

（6）$\lim\limits_{x \to \infty} \dfrac{x^3 + x^2 + 1}{4x^4 - x^3 + 10}$.

2. 求下列函数的极限.

（1）$\lim\limits_{x \to \infty} \left(1 + \dfrac{3}{x}\right)^{2x}$；

（2）$\lim\limits_{x \to 0} \dfrac{\sin 3x}{\sin 2x}$；

（3）$\lim\limits_{x \to 0} (1 - 2x)^{\frac{1}{x}}$；

（4）$\lim\limits_{x \to \pi} \dfrac{\sin x}{\pi - x}$；

（5）$\lim\limits_{x \to 0} \dfrac{1 - \cos 2x}{x \sin x}$；

（6）$\lim\limits_{x \to 0} \dfrac{\sin 4x}{\tan 5x}$.

(7) $\lim\limits_{x \to \infty} \left(\dfrac{x-1}{x+1} \right)^{x+1}$;

(8) $\lim\limits_{x \to 0} \left(1 + \tan x \right)^{\cot x}$.

3.4 函数的连续性

大家又遇到一个新的问题了，让我们一起看看！（图2-29）

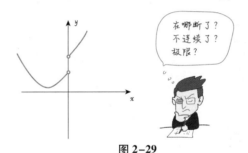

图 2-29

在自然界中有许多现象，如气温的变化、植物的生长等都是连续地变化着的。这种现象在函数关系上的反映，就是函数的连续性。

3.4.1 函数连续的概念

在定义函数的连续性之前我们先来学习一个概念——增量。

增量： 设变量 x 从它的一个初值 x_1 变到终值 x_2，终值与初值的差 $x_2 - x_1$ 就叫作变量 x 的增量，记为 Δx，即 $\Delta x = x_2 - x_1$，增量 Δx 可正可负。

2-8 函数的连续性和间断点

注意啦！增量的变化值是可正可负的，通过下面的图示（图2-30）仔细研究吧！

我们再来看一个例子：函数 $y = f(x)$ 在点 x_0 的邻域内有定义，当自变量 x 在点 x_0 的某一邻域内从 x_0 变化到 $x_0 + \Delta x$ 时，函数 y 相应地从 $f(x_0)$ 变化到 $f(x_0 + \Delta x)$，其对应的增量为 $\Delta y = f(x_0 + \Delta x) - f(x_0)$，这个关系式的几何解释如图2-31所示。

现在我们可对连续性的概念进行如下描述。

连续： 函数 $y = f(x)$ 在点 x_0 的邻域内有定义，当自变量 x 在邻域内有增量 Δx 时，函数相应地有增量 Δy 产生，如果当 Δx 趋近于零时，函数 y 对应的增量 Δy 也趋近于零，即 $\lim\limits_{\Delta x \to 0} \Delta y = 0$，那么就称函数 $y = f(x)$ 在点 x_0 处连续。

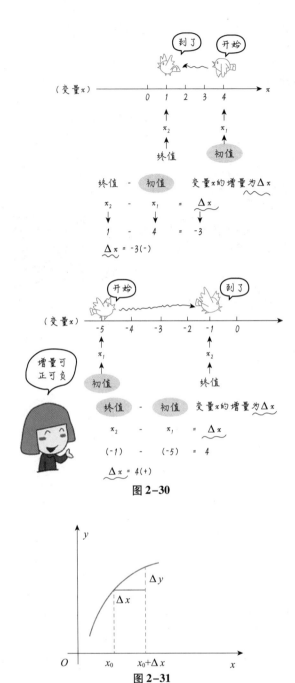

图 2-30

图 2-31

我们把函数连续的定义简化地总结一下吧!

设函数 $f(x)$ 在区间 $[a, b]$ 内有定义,

(1)连续定义的表示: $\lim\limits_{x \to x_0} f(x) = f(x_0)$;

(2)左右连续的表示:

左连续 $\lim\limits_{x \to b^-} f(x) = f(b)$,

右连续 $\lim\limits_{x \to a^+} f(x) = f(a)$.

说明：

（1）一个函数在开区间 (a, b) 内每个点都连续，则称该函数在 (a, b) 内连续，若又在 a 点右连续，b 点左连续，则该函数在闭区间 $[a, b]$ 上连续，如果在整个定义域内连续，则称该函数为连续函数.

（2）一个函数若在定义域内某一点左、右都连续，则称其在此点连续，否则称其在此点不连续.

（3）连续函数的图形是一条连续而不间断的曲线.

例15 证明函数 $f(x) = x^2 - x + 2$ 在 $x = 2$ 处的连续性.

证明：取自变量初值 $x_0 = 2$，自变量终值 $x_1 = 2 + \Delta x$，所以有

$$\Delta y = f(2 + \Delta x) - f(2) = (\Delta x)^2 + \Delta x$$

又因为

$$\lim\limits_{\Delta x \to 0} \Delta y = \lim\limits_{\Delta x \to 0} [(\Delta x)^2 + \Delta x] = 0$$

所以，函数 $f(x) = x^2 - x + 2$ 在 $x = 2$ 处连续.

例16 讨论函数 $f(x) = \begin{cases} \dfrac{x^2 - 1}{x - 1}, & x \neq 1 \\ 2, & x = 1 \end{cases}$ 在 $x = 1$ 处的连续性.

解： 因为

$$\lim\limits_{x \to 1} f(x) = \lim\limits_{x \to 1} \frac{x^2 - 1}{x - 1} = \lim\limits_{x \to 1} (x + 1) = 2$$

又因为

$$f(1) = 2$$

所以有

$\lim\limits_{x \to 1} f(x) = f(1) = 2$，函数 $f(x)$ 在 $x = 1$ 处连续.

通过上面的学习我们已经知道函数的连续性了，同时我们可以想到若函数在某一点处不连续会出现什么情形呢？接着我们就来研究这个问题——函数的间断点.（图 2-32）

图 2-32

3.4.2 函数的间断点

定义：将不满足函数连续性的点称为间断点.

判断函数间断点的三种情况如下：

（1）函数 $f(x)$ 在点 x_0 处无定义；

（2）函数 $f(x)$ 在点 x_0 处有定义，但当 $x \to x_0$ 时无极限；

（3）函数 $f(x)$ 在点 x_0 处有定义，且当 $x \to x_0$ 时有极限但不等于 $f(x_0)$.

下面我们通过例题来学习间断点的类型.

例 17 正切函数 $y = \tan x$ 在 $x = \dfrac{\pi}{2}$ 处没有定义，所以点 $x = \dfrac{\pi}{2}$ 是函数 $y = \tan x$ 的间断点，因为 $\lim\limits_{x \to \frac{\pi}{2}} \tan x = \infty$，我们就称点 $x = \dfrac{\pi}{2}$ 为函数 $y = \tan x$ 的无穷间断点.

例 18 函数 $y = \sin \dfrac{1}{x}$ 在点 $x = 0$ 处没有定义，故当 $x \to 0$ 时，函数值在 -1 与 $+1$ 之间变动无限多次，我们就称点 $x = 0$ 叫作函数 $y = \sin \dfrac{1}{x}$ 的振荡间断点.

例 19 函数 $f(x) = \begin{cases} x - 1, & x < 0 \\ 0, & x = 0 \\ x + 1, & x > 0 \end{cases}$ 当 $x \to 0$ 时，左极限 $\lim\limits_{x \to 0^-} f(x) = -1$，右极限 $\lim\limits_{x \to 0^+} f(x) = 1$，由此我们可以看出函数的左、右极限虽然都存在，但不相等，故函数在点 $x = 0$ 处不存在极限. 我们还可以发现当 $x = 0$ 时，函数值产生跳跃现象，为此我们把这种间断点称为跳跃间断点.

我们把上述三种间断点用几何图形表示出来，如图 2-33 所示.

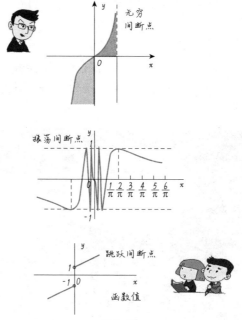

图 2-33

例 20 函数 $y = \dfrac{x^2 - 1}{x - 1}$ 在 $x = 1$ 处没有定义，所以点 $x = 1$ 是该函数的间断点．然而 $\lim\limits_{x \to 1} \dfrac{x^2 - 1}{x - 1} = \lim\limits_{x \to 1}(x + 1) = 2$．如果补充定义：令 $x = 1$ 时，$y = 2$，则所给函数在点 $x = 1$ 处连续．所以 $x = 1$ 称为该函数的可去间断点．

习惯上将间断点分为两类：如果 x_0 是函数 $f(x)$ 的间断点，但其左右极限都存在，则 x_0 称为函数 $f(x)$ 的第一类间断点；不是第一类间断点的间断点称为第二类间断点．例 19、例 20 中的间断点属于第一类间断点，例 17、例 18 中的间断点属于第二类间断点．

3.4.3 初等函数的连续性

利用函数连续的定义，可以得到下面的定理．

定理 1：设函数 $f(x)$ 和 $g(x)$ 在点 x_0 处连续，则函数

$$f(x) \pm g(x), \quad f(x) \cdot g(x), \quad \frac{f(x)}{g(x)}(g(x_0) \neq 0)$$

在点 x_0 也连续．

证明略．

定理 2：设函数 $u = \varphi(x)$ 在点 x_0 处连续，$u_0 = \varphi(x_0)$，函数 $y = f(u)$ 在点 u_0 处连续，则复合函数 $y = f[\varphi(x)]$ 在点 x_0 处连续．

证明略．

可知，基本初等函数在其定义域内都是连续的．由初等函数的定义和上面的定理可知：初等函数在其定义区间内都是连续的．

初等函数的连续性在求函数极限中的应用：如果 $f(x)$ 是初等函数，且 x_0 是 $f(x)$ 的定义区间内的点，则有

$$\lim_{x \to x_0} f(x) = f(x_0).$$

例 21 求 $\lim\limits_{x \to 0}\sqrt{1 - x^2}$．

解：初等函数 $f(x) = \sqrt{1 - x^2}$ 在点 $x_0 = 0$ 处是有定义的，所以

$$\lim_{x \to 0}\sqrt{1 - x^2} = \sqrt{1} = 1.$$

例 22 求 $\lim\limits_{x \to \frac{\pi}{2}}\ln\sin x$．

解：初等函数 $f(x) = \ln\sin x$ 在点 $x_0 = \dfrac{\pi}{2}$ 处是有定义的，所以

$$\lim_{x \to \frac{\pi}{2}}\ln\sin x = \ln\sin\frac{\pi}{2} = 0.$$

技巧点拨

（1）当分式的分子和分母都没有极限时就不能运用商的极限的运算规则了，应先把分式的分子和分母转化为存在极限的情形，然后运用规则求之．

（2）明确极限存在的条件．

（3）无限接近不等于相等.

（4）基本初等函数在它们的定义域内都是连续的，一初等函数在其定义域内也都是连续的.

📅 能力操练 3.4

1. 求下列函数的极限.

（1）$\lim\limits_{x\to 0}\sqrt{x^2-2x+9}$；　　　　（2）$\lim\limits_{x\to\frac{\pi}{4}}\ln(2\cos x)$；

（3）$\lim\limits_{x\to 1}\cos(x-1)$；　　　　　　（4）$\lim\limits_{x\to 0}\dfrac{\sqrt{1+x}-1}{x}$；

（5）$\lim\limits_{x\to 0}\ln\dfrac{\sin x}{x}$；　　　　　　（6）$\lim\limits_{x\to 0}\dfrac{\ln(1+x)}{x}$.

2. 求下列函数的间断点.

（1）$y=\dfrac{1}{x+2}$；

（2）$y=x\sin\dfrac{1}{x}$；

（3）$y=\begin{cases}\dfrac{1-x^2}{1-x}, & x\neq 1\\ 0, & x=1\end{cases}$.

3. 讨论函数 $f(x)=\begin{cases}x^2+1, & x<1\\ 2+\ln x, & x\geq 1\end{cases}$ 在 $x=1$ 处是否连续？

4. 设函数 $f(x)=\begin{cases}2-e^x, & x<0\\ 2x-a, & x\geq 0\end{cases}$，应当如何选择 a，才能使 $f(x)$ 为连续函数？

3.5　拨开云雾见极限 （极限的应用）

📚 雾里看花

生活中的极限问题是什么样呢？（图 2-34）

图 2-34

问题提出：某单位欲建立一项奖励基金，每年年末发放一次且发放金额相同，若奖金发放永远继续下去，基金应设立多少（按一年一期复利计算）？

模型构建：设每年年末未发放奖金 m 元，银行存款年利率为 r，第 n 年年末奖励基金使用完应设基金金额为 $p_i(i=1, 2, \cdots, n)$.

由复利本利和计算公式：$A_n = A_0(1+r)^n$（其中，A_n 为 n 年末复利本利和，A_0 为本金），得

$$p_1 = \frac{m}{1+r},$$

$$p_2 = p_1 + \frac{m}{(1+r)^2} = \frac{m}{1+r} + \frac{m}{(1+r)^2},$$

$$p_3 = p_2 + \frac{m}{(1+r)^3} = \frac{m}{1+r} + \frac{m}{(1+r)^2} + \frac{m}{(1+r)^3},$$

$$\cdots$$

$$p_n = p_{n-1} + \frac{m}{(1+r)^n} = \frac{m}{1+r} + \frac{m}{(1+r)^2} + \cdots + \frac{m}{(1+r)^n}$$

$$= \frac{m}{1+r}\left[1 + \frac{1}{1+r} + \frac{1}{(1+r)^2} + \cdots + \frac{1}{(1+r)^{n-1}}\right]$$

$$= \frac{m}{1+r}\left[\frac{1 - \dfrac{1}{(1+r)^n}}{1 - \dfrac{1}{1+r}}\right] = \frac{m}{r}\left[1 - \frac{1}{(1+r)^n}\right].$$

上述公式为 n 年年末基金使用完应设立基金的金额公式，若使奖金发放永远继续下去，也就是当 $n \to \infty$ 时 p_n 的极限值 p 就是最初设立基金时应存入银行的金额，即

$$p = \lim_{n \to \infty} \frac{m}{r}\left[1 - \frac{1}{(1+r)^n}\right] = \frac{m}{r}.$$

这就是和我们生活息息相关的极限问题实例，通过这样的例子我们就明确了如何将实际问题转化为数学问题进行求解了.

技巧点拨

求解实际问题的注意事项：
（1）通过数列规律或函数表达式，表明问题之间的关系式.
（2）确定自变量的变化趋势.
（3）自变量及函数值的范围一定符合实际问题需要.

第四部分　学力训练

4.1　单元基础过关检测

一、判断题

1. 若 $\lim\limits_{x \to x_0^+} f(x) = \lim\limits_{x \to x_0^-} f(x)$，则 $f(x)$ 必在点 x_0 处连续.（　　）

2-9 典型题讲练

2. $x=1$ 是函数 $y=\dfrac{\sqrt{x^2-2}}{x-1}$ 的间断点. （　　　）

3. $f(x)=\sin x$ 是一个无穷小量. （　　　）

4. 若 $\lim\limits_{x\to x_0}f(x)$ 存在，则 $f(x)$ 在 x_0 处连续. （　　　）

5. $\lim\limits_{x\to 0}x\sin\dfrac{1}{x}=1$. （　　　）

6. $\lim\limits_{x\to\infty}\left(1+\dfrac{2}{x}\right)^{-x}=e^2$. （　　　）

7. 数列 $\dfrac{1}{2}$, 0, $\dfrac{1}{4}$, 0, $\dfrac{1}{8}$, 0, … 收敛. （　　　）

8. 函数 $f(x)=x\cos\dfrac{1}{x}$，当 $x\to\infty$ 时为无穷大. （　　　）

9. $\lim\limits_{x\to 0}\dfrac{\sin x}{x}=1$. （　　　）

10. 无穷大量与无穷小量的乘积是无穷小量. （　　　）

二、单项选择题

1. $\lim\limits_{x\to 4}\dfrac{x^2-7x+12}{x^2-5x+4}=$ （　　　）.

A. 1　　　　　　　B. 0　　　　　　　C. ∞　　　　　　　D. $\dfrac{1}{3}$

2. $\lim\limits_{h\to 0}\dfrac{(x+h)^2-x^2}{h}=$ （　　　）.

A. $2x$　　　　　　B. h　　　　　　　C. 0　　　　　　　D. 不存在

3. $\lim\limits_{x\to\infty}\dfrac{2x^2+x-3}{3x^2-x+2}$ （　　　）.

A. ∞　　　　　　B. $\dfrac{2}{3}$　　　　　　C. 0　　　　　　　D. 1

4. 设 $f(x)=\begin{cases}3x+2, & x\leqslant 0 \\ x^2-2, & x>0\end{cases}$，则 $\lim\limits_{x\to 0^+}f(x)$ （　　　）.

A. 2　　　　　　　B. 0　　　　　　　C. -1　　　　　　D. -2

5. 设 $f(x)=\begin{cases}e^x-1, & x\leqslant 0 \\ x^2+1, & x>0\end{cases}$，则 $\lim\limits_{x\to 0}f(x)=$ （　　　）.

A. 1　　　　　　　B. 0　　　　　　　C. -1　　　　　　D. 不存在

6. $\lim\limits_{x\to 0}\dfrac{\tan 3x}{2x}=$ （　　　）.

A. ∞　　　　　　B. $\dfrac{3}{2}$　　　　　　C. 0　　　　　　　D. 1

7. $\lim\limits_{x\to\infty}\left(1+\dfrac{2}{x}\right)^x$ （　　　）.

A. e^{-2}　　　　　B. e^{-1}　　　　　C. e^2　　　　　　D. e

8. $\lim\limits_{x \to 0} \dfrac{\sin mx}{x}$（$m$ 为常数）等于（　　）.

A. 0　　　　　　B. 1　　　　　　C. $\dfrac{1}{m}$　　　　　　D. m

9. $\lim\limits_{x \to 0} \dfrac{\sin 2x}{x(x+2)}$（　　）.

A. 1　　　　　　B. 0　　　　　　C. ∞　　　　　　D. x

10. 设 $f(x) = \begin{cases} \dfrac{\sin x}{x}, & x \neq 0 \\ a, & x = 0 \end{cases}$ 在 $x=0$ 处连续，则常数 $a=$（　　）.

A. 0　　　　　　B. 1　　　　　　C. 2　　　　　　D. 3

三、填空题

1. $\lim\limits_{h \to 0} \dfrac{\sqrt{x+h} - \sqrt{x}}{x} = $ _____.　　　2. $\lim\limits_{n \to \infty} \dfrac{3n^2}{5n^2 + 2n - 1} = $ _____.

3. $\lim\limits_{x \to \infty} \dfrac{\sin x}{x} = $ _____.　　　4. $\lim\limits_{x \to \infty} \dfrac{x - \sin x}{x} = $ _____.

5. $\lim\limits_{x \to 0} \dfrac{\sin x}{3x}$ _____.　　　6. $\lim\limits_{x \to \infty} \left(1 - \dfrac{2}{x}\right)^x = $ _____.

7. 函数 $y = \dfrac{x+2}{x^2 - 9}$ 在 _____ 处间断.

8. 设 $f(x) = \begin{cases} e^{-\frac{1}{x^2}}, & x \neq 0 \\ 0, & x = 0 \end{cases}$ 在 $x=0$ 处 _____（是、否）连续.

9. 设 $f(x) = \begin{cases} \dfrac{\sin 2x}{x}, & x \neq 0 \\ a, & x = 0 \end{cases}$ 连续，则 $a = $ _____.

10. 设 $f(x) = \begin{cases} a + x, & x < 0 \\ \ln(1 + x), & x \geq 0 \end{cases}$ 在 $x=0$ 连续，则常数 $a = $ _____.

四、解答题

1. 设 $\lim\limits_{x \to -1} \dfrac{x^3 - ax^2 - x + 4}{x + 1}$ 具有极限 l，求 a 和 l 的值.

2. 试确定常数 a，使得函数 $f(x) = \begin{cases} x \sin \dfrac{1}{x}, & x > 0 \\ a + x^2, & x \leq 0 \end{cases}$ 在区间（$-\infty$，$+\infty$）内

连续.

4.2　单元拓展探究练习

1. 某人要将 1 元存入银行，假设银行一年的利率为 1，即一年后连本带利共有 2 元；若这个人将这 1 元钱先存半年，再连本带利立刻再次存入银行，即一年内分两次存取，这样一年共有 $\left(1 + \dfrac{1}{2}\right)^2 = $

2-10 拓展题讲练

2.25 元，比之前多了 0.25 元；若照此一年分 4 次存取，一年可得 $\left(1+\dfrac{1}{2}\right)^4 \approx 2.44$，比之前的又增多了；这样下去，一年内每天存取一次，每小时存取一次，每秒存取一次，甚至存取间隔时间更短（假设银行可操作），那这个人能不能变成万元富翁？

2. 在日常生活中，一把正方形的椅子放在不平的地面上，其中三条腿同时着地，如果第四条腿不着地，那只需稍做挪动，就可以使四条腿同时着地，椅子放稳了，你如何用数学方法来分析这种现象？

第五部分 服务驿站

5.1 软件服务——极限的计算

5.1.1 实验目的

（1）了解函数极限的基本概念.

（2）学习并掌握 Matlab 软件有关求极限的命令.

5.1.2 实验过程

1. 学一学：求极限的 Matlab 命令

Matlab 中主要用 limit 和 diff 命令分别求函数的极限与导数.

limit（s，n，inf）返回符号表达式 s 当 n 趋于无穷大时的极限.

limit（s，x，a）返回符号表达式 s 当 x 趋于 a 时的极限.

limit（s，x，a，'left'）返回符号表达式 s 当 x 趋于 a_0^- 时的左极限.

limit（s，x，a，'right'）返回符号表达式 s 当 x 趋于 a_0^+ 时的右极限.

可以用 help limit 和 help diff 查阅有关上述命令的详细信息.

2. 动一动：实际操练

例23 首先分别绘制函数 $y = \cos\dfrac{1}{x}$ 在 $[-1，-0.01]$，$[0.01，1]$，$[-1，-0.001]$，$[0.001，1]$ 区间上的图形，观测图形在 $x = 0$ 附近的形状. 在区间 $[-1，-0.01]$ 绘图的 Matlab 代码为

≫x=（-1）：0.0001：（-0，01）；   y=cos（1./x）；   plot（x，y）

结果如图 2-35 所示.

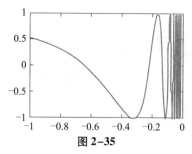

图 2-35

根据图形，能否判断出 $\lim\limits_{x\to 0}\cos\dfrac{1}{x}$，$\lim\limits_{x\to 0}\sin\dfrac{1}{x}$ 的存在性？

当然，也可用 limit 命令直接求极限，相应的 Matlab 代码为

≫clear;

≫syms x;　　% 说明 x 为符号变量

≫limit(sin(1/x) , x , 0)

结果为 ans = −1...1，即极限值在 −1 和 1 之间，而极限如果存在则必唯一，故 $\lim\limits_{x\to 0}\sin\dfrac{1}{x}$ 不存在，同样，$\lim\limits_{x\to 0}\cos\dfrac{1}{x}$ 也不存在.

例24　首先分别绘出函数 $y=\dfrac{\sin x}{x}$ 在 $[-1,-0.01]$，$[0.01,1]$，$[-1,-0.001]$，$[0.001,1]$ 区间上的图形，观察图形在 $x=0$ 附近的形状. 在区间 $[-1,-0.01]$ 绘图的 Matlab 代码为

≫x = (−1) :0. 0001: (−0. 01)；　　y = sin(x) ./x；　　plot(x , y)

结果如图 2-36 所示.

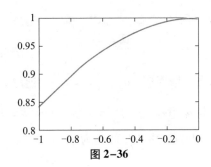

图 2-36

根据图形，能否判断出 $\lim\limits_{x\to 0}\dfrac{\sin x}{x}=1$ 的正确性？

当然，也可用 limit 命令直接求极限，相应的 Matlab 代码为

≫clear;

≫syms x;

≫limit(sin(x) /x , x , 0)

结果为 ans = 1.

例25　观察当 n 趋于无穷大时，数列 $a_n=\left(1+\dfrac{1}{n}\right)^n$ 和 $A_n=\left(1+\dfrac{1}{n}\right)^{n+1}$ 的变化趋势. 例如，当 $n=1,2,\cdots,100$ 时，计算 a_n，A_n 的 Matlab 代码为

≫for n = 1 : 100, a (n) = (1+1/n) ^n；, A (n) = (1+1/n) ^(n+1)；, end

在同一坐标系中，画出下面三个函数的图形：

$$y=\left(1+\dfrac{1}{x}\right)^x,\ y=\left(1+\dfrac{1}{x}\right)^{x+1},\ y=\mathrm{e}$$

观察当 x 增大时图形的走向. 例如，在区间 $[10,400]$ 绘制图形的 Matlab 代码为

≫x = 10：0.1：400；

≫y1 = exp（x.＊log（1 + 1./x））；y2 = exp（（x + 2）.＊log（1 + 1./x））；y3 = 2.71828；

≫plot（x, y1,'-.', x, y2,':', x, y3,'-'）；%'-.'表示绘出的图形是点线（虚线），'-'表示绘出的图形是虚线，':'表示绘出来的图形是实线.

结果如图 2-37 所示，其中点线表示 $y = \left(1 + \dfrac{1}{x}\right)^{x}$ 的图形，实线表示 $y = \left(1 + \dfrac{1}{x}\right)^{x+1}$ 的图形，虚线表示 $y = e$ 的图形.

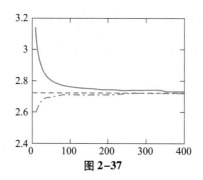

图 2-37

通过观察可以看出，当 n 增大时，$a_n = \left(1 + \dfrac{1}{n}\right)^{n}$ 递增，$A_n = \left(1 + \dfrac{1}{n}\right)^{n+1}$ 递减.

随着 n 的无穷增大，a_n 和 A_n 无限接近，趋于共同的极限 e = 2.71828…. 当然，也可用 limit 命令直接求极限，相应的 Matlab 代码为

≫clear；

≫syms n；

≫limit（（1 + 1/n）^n, n, inf）

结果为 ans = exp（1）.

在下面的实验中，我们将用级数求无理数 e 的近似值.

5.1.3 实验任务

1. 求下列各极限.

（1）$\displaystyle\lim_{n \to \infty}\left(1 - \dfrac{1}{n}\right)^{n}$；

（2）$\displaystyle\lim_{n \to \infty}\sqrt[n]{n^3 + 3^n}$；

（3）$\displaystyle\lim_{n \to \infty}(\sqrt{n + 2} - 2\sqrt{n + 1} + \sqrt{n})$；

（4）$\displaystyle\lim_{x \to 1}\left(\dfrac{2}{x^2 - 1} - \dfrac{1}{x - 1}\right)$；

（5）$\displaystyle\lim_{x \to 0}x \cot 2x$；

（6）$\displaystyle\lim_{x \to \infty}(\sqrt{x^2 + 3x} - x)$；

（7）$\displaystyle\lim_{x \to \infty}\left(\cos \dfrac{m}{x}\right)^{x}$；

（8）$\displaystyle\lim_{x \to 1}\left(\dfrac{1}{x} - \dfrac{1}{e^x - 1}\right)$；

（9）$\displaystyle\lim_{x \to 0}\dfrac{\sqrt[3]{1 + x} - 1}{x}$.

2. 绘出函数
$$f(x) = 3x^2 \sin(x^3), \quad -2 < x < 2$$
图形，并说出大致单调区间；使用 diff 命令求 $f(x)$，并求出 $f(x)$ 确切的单调区间.

5.2 建模体验

1. 汽车限制模型

问题提出 某城市今年年末汽车保有量为 A 辆，预计此后每年报废上一年末汽车保有量的 $r(0 < r < 1)$，且每年新增汽车量相同，为保护城市环境，要求该城市汽车保有量不超过 B 辆，那么每年新增汽车不超过多少辆?

2-11 极限建模引例

模型构建 设每年新增汽车 m 辆，n 年末汽车保有量为 b_n，则

$$b_1 = A(1 - r) + m$$

$$b_2 = b_1(1 - r) + m = A(1 - r)^2 + m(1 - r) + m$$

$$b_3 = b_2(1 - r) + m = A(1 - r)^3 + m(1 - r)^2 + m(1 - r) + m, \cdots$$

$$b_n = b_{n-1}(1 - r) + m = A(1 - r)^n + m(1 - r)^{n-1} + \cdots + m(1 - r) + m$$

$$= A(1 - r)^n + m[(1 - r)^{n-1} + \cdots + (1 - r) + 1]$$

$$= A(1 - r)^n + \frac{1 - (1 - r)^n}{r} \cdot m = \frac{m}{r} + \left(A - \frac{m}{r}\right)(1 - r)^n$$

所以 $\lim\limits_{n \to \infty} b_n = \lim\limits_{n \to \infty}\left[\frac{m}{r} + \left(A - \frac{m}{r}\right)(1 - r)^n\right] = \frac{m}{r}$.

由题意，得 $\frac{m}{r} < B$，所以 $m < rB$.

即每年新增汽车不超过 rB 辆.

2. 餐厅就餐模型

问题提出 某校有 A 和 B 两个餐厅供 m 名学生就餐. 有资料表明，每次选 A 餐厅就餐的学生有 $r_1\%$ 在下次选 B 餐厅就餐，而选 B 餐厅的有 $r_2\%$ 在下次选 A 餐厅. 判断随着时间的推移，在 A 和 B 两餐厅就餐的学生人数 m_1 和 m_2 分别稳定在多少人?

模型构建 设第 n 次在 A 和 B 两餐厅就餐人数分别为 a_n 和 b_n，则 $a_n + b_n = m$. 依题意，得

$$a_{n+1} = \left(1 - \frac{r_1}{100}\right)a_n + \frac{r_2}{100}b_n$$

$$= \left(1 - \frac{r_1}{100}\right)a_n + \frac{r_2}{100}(m - a_n)$$

$$= \left(1 - \frac{r_1 + r_2}{100}\right)a_n + \frac{r_2 m}{100}. \tag{1}$$

由式（1），得 $a_n = \left(1 - \frac{r_1 + r_2}{100}\right)a_{n-1} + \frac{r_2 m}{100}$. \hfill (2)

式（1）减式（2），得 $a_{n+1} - a_n = \left(1 - \dfrac{r_1 + r_2}{100}\right)(a_n - a_{n-1})$.

可知，$\{a_{n+1} - a_n\}$ 是首项为 $a_2 - a_1$，公比为 $1 - \dfrac{r_1 + r_2}{100}$ 的等比数列.

$$\text{所以 } a_{n+1} - a_n = (a_2 - a_1)\left(1 - \frac{r_1 + r_2}{100}\right)^{n-1}$$

$$\left(-\frac{r_1 + r_2}{100}\right) a_n = (a_2 - a_1)\left(1 - \frac{r_1 + r_2}{100}\right)^{n-1} \frac{r_2 m}{100}$$

$$a_n = -\frac{100(a_2 - a_1)}{r_1 + r_2}\left(1 - \frac{r_1 + r_2}{100}\right)^{n-1} + \frac{r_2 m}{r_1 + r_2}$$

$$m_1 = \lim_{n \to \infty} a_n = \frac{r_2 m}{r_1 + r_2}, \quad m_2 = m - m_1 = \frac{r_1 m}{r_1 + r_2}$$

即随着时间的推移，A 餐厅就餐人数稳定在 $\dfrac{r_2 m}{r_1 + r_2}$ 人，B 餐厅就餐人数稳定在 $\dfrac{r_1 m}{r_1 + r_2}$ 人.

5.3　重要技能备忘录

2-12 极限和
连续的总结

1. 几个常用的数列极限

（1）$\lim\limits_{n \to \infty} C = C$（$C$ 为常数）；

（2）$\lim\limits_{n \to \infty} \left(\dfrac{1}{n}\right)^p = 0$（$p > 0$）；

（3）$\lim\limits_{n \to \infty} \dfrac{an^k + b}{cn^k + d} = \dfrac{a}{c}$（$k \in \mathbf{N}^+$，$a$、$b$、$c$、$d \in \mathbf{R}$ 且 $c \neq 0$）；

（4）$\lim\limits_{n \to \infty} q^n = 0$（$|q| < 1$）.

2. 函数极限的四则运算法则

如果 $\lim\limits_{x \to x_0} f(x) = a$，$\lim\limits_{x \to x_0} g(x) = b$，那么

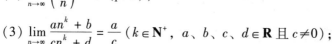

$$\lim_{x \to x_0}[f(x) \pm g(x)] = a \pm b; \quad \lim_{x \to x_0}[f(x) \cdot g(x)] = a \cdot b; \quad \lim_{x \to x_0}\frac{f(x)}{g(x)} = \frac{a}{b}\ (b \neq 0).$$

3. 两个重要极限

（1）$\lim\limits_{x \to \infty} \left(1 + \dfrac{1}{x}\right)^x = \mathrm{e}$.

注：其中 e 为无理数，它的值为 e = 2.718281828459045….

（2）$\lim\limits_{x \to 0} \dfrac{\sin x}{x} = 1$.

4. 函数的连续性

一般地，函数 $f(x)$ 在点 $x = x_0$ 处连续必须满足下面三个条件：

（1）函数 $f(x)$ 在点 $x = x_0$ 处有定义；$\lim\limits_{x \to x_0} f(x)$ 存在；$\lim\limits_{x \to x_0} f(x) = f(x_0)$.　如果函数

$y = f(x)$ 在点 $x = x_0$ 处及其附近有定义，而且 $\lim\limits_{x \to x_0} f(x) = f(x_0)$，就说函数 $f(x)$ 在点 x_0 处连续.

（2）如果 $f(x)$ 是闭区间 $[a, b]$ 上的连续函数，那么 $f(x)$ 在闭区间 $[a, b]$ 上有最大值和最小值.

（3）分段函数的连续性，一定要讨论在"分段点"的左、右极限，进而断定连续性.

"E" 随行

自主检测二

一、选择题

1. 当 $x \to 0$ 时，（ ）为无穷小量.

A. $x\sin\dfrac{1}{x}$ B. $\mathrm{e}^{\frac{1}{x}}$ C. D. $\dfrac{1}{x}\sin x$

2. 点 $x = 1$ 是函数 $f(x)\begin{cases}3x - 1, & x < 1 \\ 1, & x = 1 \\ 3 - x, & x > 1\end{cases}$ 的（ ）.

A. 连续点 B. 第一类非可去间断点

C. 可去间断点 D. 第二类间断点

3. 函数 $f(x)$ 在点 x_0 处有定义是其在 x_0 处极限存在的（ ）.

A. 充分非必要条件 B. 必要非充分条件

C. 充要条件 D. 无关条件

4. 已知极限 $\lim\limits_{x \to \infty}\left(\dfrac{x^2 + 2}{x} + ax\right) = 0$，则常数 a 等于（ ）.

A. -1 B. 0 C. 1 D. 2

5. 极限 $\lim\limits_{x \to 0}\left(\dfrac{\mathrm{e}^{\frac{2}{x}} + 2}{\cos x - 1} + ax\right) = 0$ 等于（ ）.

A. ∞ B. 2 C. 0 D. -2

6. 设函数 $f(x) = \dfrac{1}{\mathrm{e}^{\frac{x}{x-1}} - 1}$ 则（ ）.

A. $x = 0$，$x = 1$ 都是 $f(x)$ 的第一类间断点

B. $x = 0$，$x = 1$ 都是 $f(x)$ 的第二类间断点

C. $x = 0$ 是 $f(x)$ 的第一类间断点，$x = 1$ 是 $f(x)$ 的第二类间断点

D. $x = 0$ 是 $f(x)$ 的第二类间断点，$x = 1$ 是 $f(x)$ 的第一类间断点

7. 已知 $\lim\limits_{x \to \infty}\left(\dfrac{x + a}{x - a}\right)^x = 9$，则 $a = $（ ）.

A. 1 B. ∞ C. D.

二、填空题

1. $\lim\limits_{x \to \infty}\left(1 - \dfrac{1}{x}\right)^{2x} = $ _____.

2. 已知函数 $f(x)$ 在点 $x = 0$ 处连续，且当 $x \neq 0$ 时，函数 $f(x) = 2^{-\frac{1}{|x|}}$，则 $f(0) = $ _____.

3. $\lim\limits_{n \to \infty}\left[\dfrac{1}{1 \times 2} + \dfrac{1}{2 \times 3} + \cdots + \dfrac{1}{n(n+1)}\right] = $ _____.

4. 若 $\lim\limits_{x \to \infty}f(x)$ 存在，且 $f(x) = \dfrac{\sin x}{x - \pi} + 2\lim\limits_{x \to \infty}f(x)$，则 $\lim\limits_{x \to \infty}f(x) = $ _____.

三、解答题

1. 计算 $\lim\limits_{x \to \infty}\left(1 - \dfrac{1}{2^2}\right)\left(1 - \dfrac{1}{3^2}\right)\cdots\left(1 - \dfrac{1}{n^2}\right)$.

2. 计算 $\lim\limits_{x \to 0}\dfrac{\tan x - \sin x}{x^3}$.

3. 计算 $\lim\limits_{x \to 0}\left(\dfrac{2x + 3}{2x + 1}\right)^{x+1}$.

4. 计算 $\lim\limits_{x \to 0}\dfrac{\sqrt{1 + x\sin x} - 1}{e^{x^2} - 1}$.

5. 设 $\lim\limits_{x \to 1}\dfrac{x^3 - ax^2 - x + 4}{x + 1}$ 具有极限 l，求 a 和 l 的值.

6. 试确定常数 a，使得函数 $f(x) = \begin{cases} x\sin\dfrac{1}{x}, & x > 0 \\ a + x^2, & x \leqslant 0 \end{cases}$ 在 $(-\infty, +\infty)$ 内连续.

四、数学文化 Show

极限思想的产生和发展

虽然无形，但可接近——极限思想的重要性.

与一切科学的思想方法一样，极限思想也是社会实践的产物. 极限的思想可以追溯到古代，在我国春秋战国时期虽已有极限思想的萌芽，但从现在的史料来看，这种思想主要局限于哲学领域，还没有应用到数学上，当然更谈不上应用极限思想来解决数学问题. 直到公元 3 世纪，我国魏晋时期的数学家刘徽在注释《九章算术》时创立了著名的"割圆术". 他的极限思想是"割之弥细，所失弥少，割之又割，以至于不可割，则与圆合体而无所失矣". 这第一次创造性地将极限思想应用到数学领域. 这种无限接近的思想就是后来建立极限概念的基础.

刘徽的割圆术是建立在直观基础上的一种原始的极限思想的应用. 古希腊人的穷竭法也蕴含了极限思想，但由于希腊人"对无限的恐惧"，他们避免明显地"取极限"，而是借助于间接证明法——归谬法来完成了有关的证明. 到了 16 世纪，荷兰数学家斯泰文在考查三角形重心的过程中改进了古希腊人的穷竭法，他借助几何直观运用极限思想思考问题，放弃了归谬法的证明. 如此，他在无意中将极限发展成为一个实用概念.

极限思想的进一步发展是与微积分的建立紧密相连的. 16 世纪的欧洲处于资本主义萌芽时期，生产力发展，生产和技术中出现大量的问题，只用初等数学的方法已无法解决，要求数学突破只研究常量的传统范围，而提供能够用以描述和研究运动、变化过程的新工具，这是促进极限发展、建立微积分的社会背景. 起初牛顿和莱布尼茨以无穷小概念为基础建立微积分，后来因遇到了逻辑困难，所以在他们的晚期都不同程度地接受了极限思想. 牛顿的极限观念也是建立在几何直观上的，因而他无法得出极限的严格表述. 正因为当时缺乏严格的极限定义，微积分理论才受到了人们的怀疑与攻击. 英国哲学家、大主教贝克莱对微积分的攻击最为激烈，他说微积分的推导是"分明的诡辩". 贝克莱之所以激烈地攻击微积分，一方面是为宗教服务，另一方面也由于当时的微积分缺乏牢固的理论基础，连牛顿自己也无法摆脱极限概念中的混乱. 这个事实表明，弄清极限概念，建立严格的微积分理论基础，不但是数学本身所需要的，而且有着认识论上的重大意义.

第三单元 导数及其应用

第一部分　单元导读

3-1 单元导读

教学目的

导数与微分都是微分学的基本概念. 导数概念最初是从寻找曲线的切线及确定变速运动的瞬时速度等具体问题中抽象而产生的，它是有关函数的变化率的问题，在自然科学与工程技术上都有着极其广泛的应用. 微分是伴随着导数而产生的概念. 充分理解导数与微分的意义，掌握其基本计算，为以后灵活应用奠定基础. 通过本单元内容的学习，使学生在掌握基础知识的同时，能够利用导数和微分知识，解决一些实际问题.

教学内容

（1）理解导数的概念，了解导数的几何意义及可导性与连续性的关系.

（2）熟练掌握导数与微分的运算法则及基本公式，能够熟练地计算初等函数的一阶、二阶导数.

（3）会求隐函数及参数方程所确定的函数的一阶导数.

（4）理解微分的概念，会求函数的微分，初步掌握微分在近似计算中的应用.

（5）导数的应用.

①掌握洛必达法则.

②理解函数极值的概念，会求函数的极值.

③会判断函数的单调性和函数曲线的凹凸性，掌握函数图形的描绘方法.

④会求曲率，能够解决曲率的应用问题.

⑤会求函数的最大值和最小值，能够解决函数的最大值和最小值的应用问题.

导数先生引导图见图 3-1.

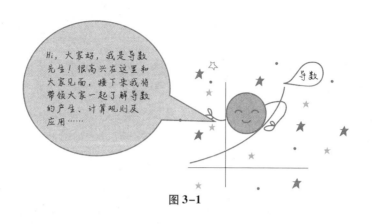

图 3-1

第二部分 数学文化与生活

2.1 "导数" 从哪里来

3-2 导数生活引例

1. 微积分产生的历史背景

数学中的转折点是笛卡儿的变数,有了变数,运动进入了数学;有了变数,辩证法进入了数学;有了变数,微分学和积分学也就立刻成为必要的了,而且它们也就立刻产生了. 微积分是由牛顿和莱布尼兹大体上完成的,但不是由他们发明的.

16 世纪的欧洲,正处在资本主义萌芽时期,生产力得到了很大的发展,生产实践的发展向自然科学提出了新的课题,迫切要求力学、天文学等基础学科的发展,而这些学科都是深深依赖于数学的. 科学对数学提出的种种要求,最后汇总成如下核心问题.

1)运动中速度与距离的互求问题

已知物体移动的距离 S 为时间的函数,即 $S=S(t)$,求物体在任意时刻的速度和加速度;反过来,已知物体的加速度为时间的函数,求速度和距离. 这类问题是研究运动时直接出现的,困难在于,所研究的速度和加速度是每时每刻都在变化的. 比如,计算物体在某时刻的瞬时速度,就不能像计算平均速度那样,用运动的时间去除移动的距离,因为在给定的瞬间,物体移动的距离和所用的时间均是 0,而 0/0 是无意义的. 但是,根据物理知识,每个运动的物体在每一时刻必有速度,这也是毫无疑问的. 已知速度公式求移动距离的问题,也遇到同样的困难. 因为速度每时每刻都在变化,所以不能用运动的时间乘任意时刻的速度,来得到物体移动的距离.

2)求曲线的切线问题

这个问题本身是纯几何的,而且对于科学应用有着巨大的重要性. 由于研究天文的需要,光学是 17 世纪的一门较重要的学科,透镜的设计者要研究光线通过透镜的通道，必须知道光线入射透镜的角度以便应用反射定律．研究中重要的一个环节是确定光线与曲线的法线间的夹角，而法线是垂直于切线的，所以问题就归结为求出法线或切线．另一个涉及曲线的切线的问题出现于运动的研究中，求运动物体在它的轨迹上任一点上的运动方向，即轨迹的切线方向．

3）求长度、面积、体积与重心等问题

这些问题包括：求曲线的长度（如行星在已知时段移动的距离）、曲线围成的面积、曲面围成的体积、物体的重心，以及一个相当大的物体（如行星）作用于另一物体的引力等．实际上，关于计算椭圆的长度的问题，就难住了数学家们，以致在一段时期数学家们对这个问题的进一步工作失败了，直到 18 世纪才得到新的结果．在求面积问题方面，古希腊时期人们就用穷竭法求出了一些物体的面积和体积．如求抛物线 $y = x^2$ 在区间 $[0, 1]$ 上与 x 轴和直线 $x = 1$ 所围成的面积 S，他们就采用了穷竭法．当 n 越来越小时，公式右端的结果就越来越接近所求面积的精确值．但是，应用穷竭法，必须掌握许多技艺，并且缺乏一般性，常常得不到数字解．当阿基米德的工作在欧洲闻名时，求长度、面积、体积和重心的兴趣复活了．穷竭法先是逐渐地被修改，后来由于微积分的创立而根本地修改了．

4）求最大值和最小值问题

炮弹从炮筒中射出，炮弹飞行的水平距离，即射程，依赖于炮筒对地面的倾斜角，即发射角．一个"实际"的问题是求能获得最大射程的发射角．17 世纪初期，伽利略断定（在真空中）最大射程在发射角是 $45°$ 时达到．他还得出炮弹从各个不同角度发射后所达到的不同的最大高度．研究行星的运动也涉及最大值和最小值的问题，例如求行星距离太阳的最远和最近距离．

2. 导数也来自我们的生活

在全国首个交通安全日，提到了交通安全的隐形杀手——内轮差．何为内轮差呢？在如此多的交通事故案例中，由内轮差引发的案例是否与数学知识相关呢？接下来我们就一起看看内轮差的内在含义吧！（图 3-2、图 3-3）

图 3-2

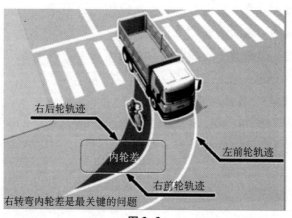

图 3-3

问题: 由于客流、货流、物流量的增加,大型车辆出入频繁,特别在拐弯区域造成刮擦、碾压的交通事故增多. 通过调查得知,有一部分原因归结为内轮差惹的祸. 那么什么是内轮差? 如何计算内轮差? 行人、非机动车人员应站在什么区域是安全的? 作为司机,应如何避免因内轮差引发的交通事故? 内轮差与哪些因素有关? 如何减小内轮差?

 请大家思考内轮差是怎么形成的?

观察结果: 每个车辆在转弯时,后轮并不是完全沿着前轮的轨迹行驶的,会有一定的偏差,转弯形成的偏差就叫"轮差". 车辆的车身越长,所形成的"轮差"就越大,"内轮差"的范围也会跟着扩大.

内轮差: 是车辆转弯时的右前轮的转弯半径与右后轮的转弯半径之差. 由于内轮差的存在,车辆在转弯时,前后车轮的运动轨迹并不重合,在行车中如果只注意前轮能够通过而忘记内轮差,就可能造成右后轮驶出规定路面,从而发生交通事故.

内轮差公式: $m = \sqrt{\left(\sqrt{r^2 - l^2} - d\right)^2 + l^2} - \sqrt{r^2 - l^2} + d$

s. t. $\begin{cases} r \geq 0 \\ l \geq 0 \\ d \geq 0 \end{cases}$ (r 为转弯半径,l 为轴距,d 为前后轮距离)

最大内轮差: 若要求出最大内轮差,根据上面给出的内轮差公式,利用导数知识,求出其最大值. 利用数学软件,代入数据,计算出小型车的最大内轮差是0.9m,大型车的最大内轮差是2.3m.

由公式可得出内轮差随转弯半径的增大而减小,若减少内轮差的危害,应增大转弯半径.

如何做: 驾驶小型车的驾驶员需要注意,停靠时不要紧贴大型车辆,不要在转弯时强行超车.

　　非机动车驾驶人也要注意，在绿灯放行时不要抢先超过正在转弯的机动车，更不要在红灯时，将车辆超越斑马线停靠.

　　行人过马路时要与机动车始终保持一定的安全距离，等待大型车辆转弯后再过马路.

　　大型车驾驶员在路口转弯时不要占用非机动车道，尽量增大转弯半径，时刻注意车外的情况，减缓车速行驶.

2.2　你听说过这样的实际问题吗

1. 蹦极中的速度变化（图 3-4）

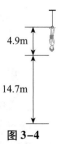

图 3-4

高空蹦极是一项非常刺激的极限运动，观察小男孩蹦极时的平均速度变化，小男孩落下的高度 h（单位：m）与跳后的时间 t（单位：s）存在函数关系 $h(t) = \frac{1}{2}gt^2$.

　　（1）如果用小男孩在某段时间内的平均速度来描述其运动状态，那么，

在 $0 \leq t \leq 1$ 这段时间内 $\bar{v}_1 = \dfrac{h(1) - h(0)}{1 - 0} \approx 4.9(\text{m/s})$；

在 $1 \leq t \leq 2$ 这段时间内 $\bar{v}_2 = \dfrac{h(2) - h(1)}{2 - 1} \approx 14.7(\text{m/s})$.

　　（2）如果用小男孩在某时刻的瞬时速度来描述其运动状态，那么，

在 $t = 1$ 时的瞬时速度 $v_1 = 9.8$（m/s）；

在 $t = 2$ 时的瞬时速度 $v_2 = 19.6$（m/s）.

　　在实际生活中，有许多问题需要探究其瞬时变化的趋势，而不仅仅是平均变化的趋势，那么瞬时速度如何求得呢？这样的问题都是与导数有关的问题.

2. 气象播报中的降雨强度

　　在气象学中，通常把在单位时间（如 1 分钟、1 天等）内的降雨量称作降雨强度，它是反映一次降雨大小的一个重要指标，常用的单位是毫米/天、毫米/小时.

　　表 3-1 为一次降雨过程中一段时间内记录下的降雨量的数据. 假设得到降雨量 y 关于时间 t 的函数的近似表达式为 $f(t) = \sqrt{10t}$，首先求导函数，根据导数公式表可得 $f'(t) = \dfrac{5}{\sqrt{10t}}$，将 $t = 40$ 代入 $f'(t)$ 可得 $f'(40) = \dfrac{5}{\sqrt{400}} = 0.25$，它表示的是 $t = 40\text{min}$ 时降雨量 y 关于时间 t 的瞬时变化率，即降雨强度.

表 3-1

时间 t/min	0	10	20	30	40	50	60
降雨量 y/mm	0	10	14	17	20	22	24

$f'(40) = 0.25$，就是说 $t = 40\text{min}$ 这个时刻的降雨强度为 $0.25\text{mm}/\text{min}$.

气象播报（图 3–5）中降雨强度可以用导数巧妙地计算并描述出各个时间节点的降雨量，为分析和判断降雨情况、预报和防止灾害、提前防范提供帮助.

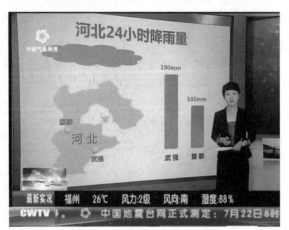

图 3–5

3. 膨胀的大气球

吹气球时，会发现：随着气球内空气容量的增加，气球的半径增加得越来越慢. 能从数学的角度解释这一现象吗？（图 3–6，假设气球是球体）

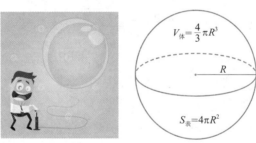

图 3–6

根据题意 $v(R) = \dfrac{4}{3}\pi R^3$，即 $R(v) = \sqrt[3]{\dfrac{3v}{4\pi}}$，通过导数计算可知 $R'(v) > 0$，所以 $R(v)$ 是单调递增函数，所以随着气球内空气容量的增加，气球的半径增加；又通过对导函数再次求导，发现 $R''(v)$ 是单调递减函数，因此气球半径增加得越来越慢. 通过以上分析科学地解释了生活中现象. 知其然，知其所以然！

4. 高台跳水的最高点

还记得高台跳水吗？这可是令中国人骄傲的运动项目之一，在高台跳水运动中，运动员距离水面最高点在何处？这与什么有关系呢？做个假设，运动员相对于水面的高度 h（单位：m）与起跳后的时间 t（单位：s）之间的关系式为 $h(t) = -4.9t^2 + 6.5t + 10$，求运动员在 $t = \dfrac{65}{98}\text{s}$ 时的瞬时速度，并解释此时的运动状况. （图 3–7）

图 3-7

令 $t_0 = \dfrac{65}{98}$，Δt 为增量. 则

$$\dfrac{h(t_0 + \Delta t) - h(t_0)}{\Delta t} =$$

$$\dfrac{-4.9 \times \left(\dfrac{65}{98} + \Delta t\right)^2 + 6.5 \times \left(\dfrac{65}{98} + \Delta t\right) + 10 + 4.9 \times \left(\dfrac{65}{98}\right)^2 - 6.5 \times \dfrac{65}{98} - 10}{\Delta t}$$

$$= \dfrac{-4.9\Delta t\left(\dfrac{65}{49} + \Delta t\right) + 6.5\Delta t}{\Delta t}$$

$$\therefore \lim_{\Delta t \to 0} \dfrac{h(t_0 + \Delta t) - h(t_0)}{\Delta t} = \lim_{\Delta t \to 0}\left[-4.9\left(\dfrac{65}{49} + \Delta t\right) + 6.5\right] = 0$$

即运动员在 $t_0 = \dfrac{65}{98}$s 时的瞬时速度为 0m/s，说明在跳水运动中该瞬时速度对应的点为距离水面最高点.

5. 木材旋切机的利润问题

东方机械厂生产一种木材旋切机（图 3-8），已知生产总利润 c 元与生产量 x 台之间的关系式为 $c(x) = -2x^2 + 7000x + 600$.

（1）求产量为 1000 台时的总利润与平均利润；

（2）求产量由 1000 台提高到 1500 台时，总利润的平均改变量；

（3）求 $c'(1000)$ 与 $c'(1500)$，并说明它们的实际意义.

图 3-8

解：（1）产量为 1000 台时的总利润为

$$c(1000) = -2 \times 1000^2 + 7000 \times 1000 + 600 = 5000600（元）.$$

平均利润为 $\dfrac{c(1000)}{1000} = 5000.6（元）.$

（1）当产量由 1000 台提高到 1500 台时，总利润的平均改变量为

$$\frac{c(1500) - c(1000)}{1500 - 1000} = \frac{6000600 - 5000600}{500} = 2000（元）.$$

（2）∵ $c'(x) = (-2x^2 + 7000x + 600)' = -4x + 7000,$

∴ $c'(1000) = -4 \times 1000 + 7000 = 3000（元）,$

$c'(1500) = -4 \times 1500 + 7000 = 1000（元）.$

说明：当产量为 1000 台时，每多生产一台机械可多获利 3000 元，而当产量为 1500 台时，每多生产一台机械可多获利 1000 元.

注：生产每台机械的利润不是都一样的，与总产量有关系.

6. 银行盈利的秘密

某银行准备新增设一种定期存款业务（图 3-9），经预测，存款量与利率的平方成正比，比例系数为 $k(k > 10)$，且知当利率为 1.2% 时，存款量为 1.44 亿元. 又知贷款的利率为 4.8% 时，银行吸收的存款能全部放贷出去. 若设存款的利率为 x，$x \in (0，0.048)$，当 x 为多少时，银行可获得最大收益？

图 3-9

【解释】存款的利率为 x，则存款量 $f(x) = kx^2$，当 $x = 1.2\%$ 时，$f(x) = 1.44$，所以 $k = 10000$，故存款量 $f(x) = 10000x^2$，银行应支付利息 $g(x) = xf(x) = 10000x^3$，银行可获收益 $h(x) = 4.8\% f(x) - g(x) = 480x^2 - 10000x^3$. $h'(x) = 30x(32 - 1000x)$，令 $h'(x) = 0$，$x = 0.032$，当 $x < 0.032$ 时，$h'(x) > 0$，当 $x > 0.032$ 时，$h'(x) < 0$，所以当 $x = 0.032$ 时，$h(x)$ 有最大值，其值约为 0.164 亿元.

这样的问题在解决的过程中都需要用到导数的思想和方法！

2.3 导数的必要性

通过我们身边的实际问题，引出大家对解决这类问题的思考. 实际问题中事物的变化是不规律的，那我们如何用数学语言去描述这样的问题呢？"导数"就会帮

我们解决这样的问题.

　　导数的概念来源于实际, 是研究变化率的数学模型. 导数不仅在自然科学、工程技术等方面有着广泛应用, 而且在日常生活及经济领域中也逐渐显示出重要作用.

　　导数是探讨数学乃至自然科学的重要工具, 同时利用它也可以解决我们日常生活中的许多问题. 譬如不借助导数知识, 普通消费者购买商品、旅游花费等无法达到最节省; 不借助导数知识, 商家不能很好地调整经营策略以追求最大利润; 不借助导数知识, 易拉罐等生活用品的形状设计就不能达到节约成本和资源, 让商家不能获得更大的利润; 不借助导数知识, 影院的座位及屏幕设计, 不能达到合理和舒适, 造成资源浪费或者顾客不满意, 等等. 总之, 利用导数这一工具, 可以解决生活中的许多优化问题, 通过导数知识的学习, 我们将实际问题转化成为了求函数的最值问题, 以至于在解决问题上缩短了时间, 简化了计算过程. 因此, 导数的学习是非常重要的.

　　认真学习导数知识吧, 导数知识可以帮助你节省成本, 赚取更多的利润; 导数知识可以帮助你节约时间, 取得更大的成就.

第三部分　知识纵横——导数之旅

 游学示意图

　　在本单元中主要学习导数的概念及其几何意义; 基本求导公式; 导数的四则运算法则及复合函数、隐函数、参数方程的求导运算; 微分的概念及其运算; 函数的单调性及极值的求取; 函数的最值及最值问题的解决; 曲线的凹凸性及其曲线的曲率.

　　本单元游学示意图见图 3-10.

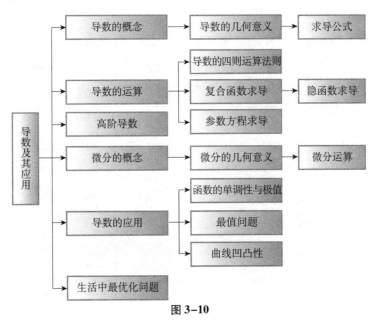

图 3-10

3.1 导数初识

导数初识引导图见图 3-11.

图 3-11

3.1.1 变化率的引入

导数是微分的基础，微分是积分的基础，所以，导数在开启微积分这扇大门的过程中起着重要作用．何谓导数？言简意赅，导数就是变化率，反映变化的快慢程度．从曲线上来看，导数就是斜率，而斜率又是什么呢？（图 3-12）

图 3-12

导数的精确定义，还得从曲线的斜率说起.

引例（平面曲线的切线斜率） 求过抛物线 $y = x^2$ 上点 A（1，1）的切线斜率？

解：如图 3-13 所示，在抛物线上任取点 A 附近的一点 $B(x，y)$，作抛物线的割线 AB. 设割线 AB 的倾斜角为 β，则割线的斜率为

$$\tan\beta = \frac{\Delta y}{\Delta x} = \frac{f(x) - f(1)}{x - 1} = \frac{(1 + \Delta x)^2 - 1^2}{\Delta x} = 2 + \Delta x.$$

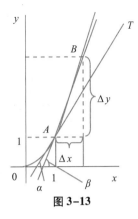

图 3-13

当点 B 沿抛物线逐渐向点 A 靠近时，割线 AB 将绕点 A 转动. 当点 B 沿抛物线无限接近于点 A 时（$B \to A$），割线 AB 的极限位置 AT 就定义为抛物线 $y = x^2$ 在点 A 处的切线 AT. 设切线 AT 的倾斜角为 α，则切线 AT 的斜率为

$$\tan\alpha = \lim_{\beta \to \alpha}\tan\beta = \lim_{\Delta x \to 0}\frac{\Delta y}{\Delta x} = \lim_{\Delta x \to 0}(2 + \Delta x) = 2.$$

提示：这里体现了极限的思想，即过曲线上点（1，1）处的切线斜率等于过曲线上该点和点（$1 + \Delta x, f(1 + \Delta x)$）处当 $\Delta x \to 0$ 时割线斜率的极限值，即

$$k = \lim_{\Delta x \to 0}\frac{\Delta y}{\Delta x} = \lim_{\Delta x \to 0}\frac{(1 + \Delta x)^2 - 1^2}{\Delta x} = 2.$$

提炼：设平面曲线的方程为 $y = f(x)$，则过曲线上点 $(x_0, f(x_0))$ 的切线斜率为过该点和点（$x_0 + \Delta x, f(x_0 + \Delta x)$）处的割线当 $\Delta x \to 0$ 时的极限值，即

$$k = \lim_{\Delta x \to 0}\frac{\Delta y}{\Delta x} = \lim_{\Delta x \to 0}\frac{f(x_0 + \Delta x) - f(x_0)}{\Delta x}.$$

3.1.2 导数的定义

3-3 导数的定义

设函数 $y = f(x)$ 在点 x_0 的某一邻域内有定义，当自变量 x 在点 x_0 处有增量 Δx（$x_0 + \Delta x$ 也在该邻域内）时，相应地函数有增量 $\Delta y = f(x_0 + \Delta x) - f(x_0)$，若当 $\Delta x \to 0$ 时 Δy 与 Δx 之比的极限存在，则称这个极限值为 $y = f(x)$ 在 x_0 处的导数，即 $f'(x) = \lim_{\Delta x \to 0}\frac{f(x_0 + \Delta x) - f(x_0)}{\Delta x}$，记为 $y'|_{x = x_0}$，还可以记为 $\frac{\mathrm{d}y}{\mathrm{d}x}\big|_{x = x_0}$，$f'(x_0)$.

利用导数的定义可以建立变化率模型，下面介绍几个例子.

例 1（电流模型）设在 $[0, t]$ 这段时间内通过导线横截面的电荷为 $Q = Q(t)$，求 t_0 时刻的电流.

解：（1）若电流恒定，$i = \dfrac{\text{电荷}}{\text{时间}} = \dfrac{\Delta Q}{\Delta t}$.

（2）若电流不恒定，平均电流 $\bar{i} = \dfrac{\Delta Q}{\Delta t} = \dfrac{Q(t_0 + \Delta t) - Q(t_0)}{\Delta t}$.

故 t_0 时刻电流 $i(t_0) = \lim_{\Delta t \to 0}\dfrac{\Delta Q}{\Delta t} = \lim_{\Delta t \to 0}\dfrac{Q(t_0 + \Delta t) - Q(t)}{\Delta t} = \dfrac{\mathrm{d}Q}{\mathrm{d}t}\big|_{t = t_0}$.

例 2 （细杆的线密度模型）设一质量非均匀分布的细杆放在 x 轴上，在 $[0, x]$ 上的质量 m 是 x 的函数 $m = m(x)$，求杆上 x_0 处的线密度.

解： 如果细杆质量分布是均匀的，则长度为 Δx 的一段的质量为 Δm，那么它的线密度为

$$\rho = \frac{质量}{长度} = \frac{\Delta m}{\Delta x}.$$

而对于质量非均匀分布的细杆，可先求其平均线密度，即平均线密度为

$$\bar{\rho} = \frac{\Delta m}{\Delta x} = \frac{m(x_0 + \Delta x) - m(x_0)}{\Delta x}.$$

故细杆在 x_0 处的线密度为

$$\rho(x_0) = \lim_{\Delta x \to 0} \frac{m(x_0 + \Delta x) - m(x_0)}{\Delta x} = \frac{\mathrm{d}y}{\mathrm{d}x}\Big|_{x=x_0} = m'(x_0).$$

例 3 （边际成本模型）在经济学中，边际成本定义为产量增加一个单位时所增加的总成本.

解： 设一产品产量为 x 单位时，总成本为 $C = C(x)$，称 $C(x)$ 为总成本函数. 当产量由 x 变为 $x + \Delta x$ 时，总成本函数改变量为 $\Delta C = C(x + \Delta x) - C(x)$，这时总成本的平均变化率为

$$\frac{\Delta C}{\Delta x} = \frac{C(x + \Delta x) - C(x)}{\Delta x}$$

它表示产量由 x 变到 $x + \Delta x$ 时，在平均意义下的边际成本.

当总成本函数 $C(x)$ 可导时，其变化率为

$$C'(x) = \lim_{\Delta x \to 0} \frac{\Delta C}{\Delta x} = \lim_{\Delta x \to 0} \frac{C(x + \Delta x) - C(x)}{\Delta x}$$

表示该产品产量为 x 时的边际成本，即边际成本是总成本函数关于产量的导数.

例 4 （化学反应速度模型）在化学反应中一物质的浓度 N 和时间 t 的关系为 $N = N(t)$，求在 t 时刻物质的瞬时反应速度.

解： 当时间 t 变到 $t + \Delta t$ 时，浓度的平均变化率为

$$\frac{\Delta N}{\Delta t} = \frac{N(t + \Delta t) - N(t)}{\Delta t}.$$

令 $\Delta t \to 0$ 时，该物质在 t 时刻的瞬时反应速度为

$$N'(t) = \lim_{\Delta t \to 0} \frac{\Delta N}{\Delta t} = \lim_{\Delta t \to 0} \frac{N(t + \Delta t) - N(t)}{\Delta t}.$$

 上述模型的相似点是什么呢？理解导数的实际含义了吗？

我们看到了导数在很多学科中的应用，接下来通过具体例子，看看怎么用导数的定义来完成求导运算.

例5 设 $f(0) = 0$，证明如果 $\lim\limits_{x \to 0} \dfrac{f(x)}{x} = A$，那么 $A = f'(0)$.

证明： 因为 $\dfrac{f(x) - f(0)}{x - 0} = \dfrac{f(x)}{x} \Rightarrow \lim\limits_{x \to 0} \dfrac{f(x) - f(0)}{x - 0} = A$

所以 $A = f'(0)$.

例6 求函数 $f(x) = c$（c 为常数）的导数.

解： $f'(x) = \lim\limits_{h \to 0} \dfrac{f(x + h) - f(x)}{h} = \dfrac{c - c}{h} = 0$，即 $(c)' = 0$.

注： $f(x) = c$ 在任一点的导数均为 0，即导函数为 0.

例7 求 $f(x) = x^n$（n 为正整数）在 $x = a$ 点的导数.

解： $f'(a) = \lim\limits_{x \to a} \dfrac{x^n - a^n}{x - a} = \lim\limits_{x \to a}(x^{n-1} + ax^{n-2} + \cdots\cdots + a^{n-2}x + a^{n-1}) = na^{n-1}$，即 $f'(a) = na^{n-1}$，亦即 $(x^n)'|_{x=a} = na^{n-1}$，若将 a 视为变量，并用 x 代换，即得 $f'(x) = (x^n)' = nx^{n-1}$.

例8 求函数 $y = \sqrt{x}$ 的导数.

解： $\Delta y = f(x + \Delta x) - f(x) = \sqrt{x + \Delta x} - \sqrt{x} = \dfrac{\Delta x}{\sqrt{x + \Delta x} + \sqrt{x}}$.

于是

$$\frac{\Delta y}{\Delta x} = \frac{1}{\sqrt{x + \Delta x} + \sqrt{x}}.$$

$$\therefore \lim_{\Delta x \to 0} \frac{\Delta y}{\Delta x} = \lim_{\Delta x \to 0} \frac{1}{\sqrt{x + \Delta x} + \sqrt{x}} = \frac{1}{2\sqrt{x}}.$$

即

$$(\sqrt{x})' = \frac{1}{2\sqrt{x}} = \frac{1}{2} x^{-\frac{1}{2}}.$$

注： 更一般地，$f(x) = x^{\mu}$（μ 为常数）的导数为 $f'(x) = \mu x^{\mu-1}$，由此可见，

$$(\sqrt{x})' = \frac{1}{2} \frac{1}{\sqrt{x}}, \quad \left(\frac{1}{x}\right)' = -\frac{1}{x^2} \ (x \neq 0).$$

3.1.3 补充说明

1. 定理

$f(x)$ 在点 $x = x_0$ 处可导 $\Leftrightarrow f(x)$ 在点 $x = x_0$ 处的左导数和右导数均存在且相等，即

$$f'_-(x_0) = f'_+(x_0).$$

2. 导数的几何意义

由前面的讨论知：函数 $y = f(x)$ 在点 $x = x_0$ 处的导数 $f'(x_0)$ 就是该曲线在点 $x = x_0$ 处的切线斜率 k，即 $k = f'(x_0)$，或 $f'(x_0) = \tan\alpha$，α 为切线的倾斜角. 从而，得切线方程为 $y - y_0 = f'(x_0)(x - x_0)$. 若 $f'(x_0) = \infty$，$\alpha = \dfrac{\pi}{2}$ 或 $\alpha = -\dfrac{\pi}{2}$，切线方程为 $x = x_0$. 过切点 $P_0(x_0, y_0)$，且与点 P_0 切线垂直的直线称为 $y = f(x)$ 在 P_0 点处的法线. 如

果 $f'(x_0) \neq 0$，法线的斜率为 $-\dfrac{1}{f'(x_0)}$，此时，法线的方程为 $y - y_0 = -\dfrac{1}{f'(x_0)}$ $(x - x_0)$.

如果 $f'(x_0) = 0$，则法线方程为 $x = x_0$.

例 9 求曲线 $y = x^3$ 在点 $P(x_0, y_0)$ 处的切线与法线方程.

解： 由于 $(x^3)' \big|_{x = x_0} = 3x^2 \big|_{x = x_0} = 3x_0^2$，所以 $y = x^3$ 在点 $P(x_0, y_0)$ 处的切线方程为 $y - y_0 = 3x_0^2(x - x_0)$.

当 $x_0 \neq 0$ 时，法线方程为 $y - y_0 = -\dfrac{1}{3x_0^2}(x - x_0)$，

当 $x_0 = 0$ 时，法线方程为 $x = 0$.

🎧 **技巧点拨**

（1）导数是用来分析变化的工具.

（2）瞬间斜率就是曲线上各点的斜率.

（3）求某一点斜率和对函数求导离不开极限的概念.

（4）求导数可以分为四步：

①给出 Δx；

②算出 Δy；

③求增量比 $\dfrac{\Delta y}{\Delta x}$；

④求极限.

📅 **能力操练** 3.1

1. 设函数 $f(x) = \ln 2$，则 $\lim\limits_{\Delta x \to 0} \dfrac{f(x + \Delta x) - f(x)}{\Delta x} = ($ $)$.

A. 2   B. $\dfrac{1}{2}$ C. ∞ D. 0

2. 设函数 $f(x)$ 在点 $x = 0$ 处可导，且 $f(0) = 0$，则 $\lim\limits_{x \to 0} \dfrac{f(tx)}{x} = ($ $)$.

A. 0   B. $f'(0)$ C. $tf'(0)$ D. $\dfrac{f'(0)}{t}$

3. 一物体经过时间 t 后，运动方程为 $S = 10t - t^2$（单位：时间 s，长度 m）. 计算：

（1）物体从 1s 到 $(1 + \Delta t)$s 的平均速度；物体在 1s 时的瞬时速度.

（2）物体从 2s 到 $(2 + \Delta t)$s 的平均速度；物体在 2s 时的瞬时速度.

3.2 求导秘籍

前面我们根据导数的定义，探究了如何求一个函数的导数，函数和其导函数有什么区别呢？（图 3-14）

图 3-14

3.2.1 基本求导公式和四则运算

先回忆用导数定义求导的过程吧!

引例 求正弦函数 $y = \sin x$ 的导数.

解 ①求函数的改变量:$\Delta y = \sin(x + \Delta x) - \sin x$;

②求比值:$\dfrac{\Delta y}{\Delta x} = \dfrac{\sin(x + \Delta x) - \sin x}{\Delta x} = \dfrac{2\cos\left(x + \dfrac{\Delta x}{2}\right)\sin\dfrac{\Delta x}{2}}{\Delta x}$;

③求比值的极限:$\lim\limits_{\Delta x \to 0} \dfrac{\Delta y}{\Delta x} = \lim\limits_{\Delta x \to 0} \dfrac{2\cos\left(x + \dfrac{\Delta x}{2}\right)\sin\dfrac{\Delta x}{2}}{\Delta x}$

$$= \lim\limits_{\Delta x \to 0}\cos\left(x + \dfrac{\Delta x}{2}\right) \cdot \dfrac{\sin\dfrac{\Delta x}{2}}{\dfrac{\Delta x}{2}} = \cos x.$$

为了方便计算和记忆,我们根据导数的定义整理和归纳了基本的求导公式及运算法则.

1. 利用定义求导,可归纳出基本初等函数的求导公式

(1) $(C)' = 0$(C 为任意常数);　　(2) $(x^{\mu})' = \mu x^{\mu-1}$;

3-4 导数常用函数

（3）$(a^x)' = a^x \ln a$；　　　　　　　（4）$(e^x)' = e^x$；

（5）$(\log_a x)' = \dfrac{1}{x \ln a}$；　　　　　（6）$(\ln x)' = \dfrac{1}{x}$；

（7）$(\sin x)' = \cos x$；　　　　　　（8）$(\cos x)' = -\sin x$；

（9）$(\tan x)' = \sec^2 x$；　　　　　（10）$(\cot x)' = -\csc^2 x$；

（11）$(\sec x)' = \sec x \cdot \tan x$；　　（12）$(\csc x) = -\csc x \cdot \cot x$；

（13）$(\arcsin x)' = \dfrac{1}{\sqrt{1-x^2}}$；　　（14）$(\arccos x)' = -\dfrac{1}{\sqrt{1-x^2}}$；

（15）$(\arctan x)' = \dfrac{1}{\sqrt{1+x^2}}$；　　（16）$(\operatorname{arccot} x)' = -\dfrac{1}{\sqrt{1+x^2}}$.

怎么样，够刺激吧！一下子就出现这么多公式，是不是崩溃了？其实，这些公式都是通过导数的定义推导和整理后得出的，为的就是简化计算过程. 可以分类分组来记忆，如"常函数—幂函数—指数函数—对数函数—三角函数—反三角函数"，这样记忆更为扎实，不易混乱.

3-5 导数游戏巩固

例10 求下列函数的导数.

（1）$y = \dfrac{1}{x}$；　　　（2）$y = \log_3 x$；　　　（3）$y = 2^x$；　　　（4）$y = \sqrt{x^{\frac{1}{4}}}$.

解 （1）$y' = (x^{-1})' = -x^{-2} = -\dfrac{1}{x^2}$；　　　　（2）$y' = (\log_3 x)' = \dfrac{1}{x \ln 3}$；

（3）$y' = (2^x)' = 2^x \ln 2$；　　　　　　（4）$y' = (x^{\frac{1}{4}})' = \dfrac{1}{4} x^{\frac{1}{4}-1} = \dfrac{1}{4} x^{-\frac{3}{4}}$.

例11 求函数 $y = \dfrac{x^2}{\sqrt{x}}$ 的导数.

解：由于 $y = \dfrac{x^2}{\sqrt{x}} = x^{\frac{3}{2}}$，根据公式 $(x^\mu)' = \mu \cdot x^{\mu-1}$，得

$$y' = (x^{\frac{3}{2}})' = \frac{3}{2} x^{\frac{1}{2}} = \frac{3}{2} \sqrt{x}.$$

例12 求 $y = \sin x$，在 $x = \dfrac{\pi}{4}$ 处的导数.

解：$y' = (\sin x)' = \cos x$，$y'|_{x=\frac{\pi}{4}} = \cos x|_{x=\frac{\pi}{4}} = \dfrac{\sqrt{2}}{2}$.

2. 基本求导法则和公式

利用导数定义和上述常用公式可求取一些简单函数的导数，但对比较复杂的函数直接用定义求导往往很困难，下面介绍求取导数的几个基本法则和公式.

法则1：若函数 $u(x)$ 和 $v(x)$ 在点 $x = x_0$ 处都可导，则 $f(x) = u(x) \pm v(x)$ 在点 $x = x_0$ 处也可导，且 $f'(x_0) = u'(x_0) \pm v'(x_0)$.

即两个可导函数之和（差）的导数等于这两个函数的导数之和（差）.

证明：$\displaystyle\lim_{x\to x_0}\frac{f(x)-f(x_0)}{x-x_0}=\lim_{x\to x_0}\frac{[u(x)\pm v(x)]-[u(x_0)\pm v(x_0)]}{x-x_0}$

$$=\lim_{x\to x_0}\frac{u(x)-u(x_0)}{x-x_0}\pm\lim_{x\to x_0}\frac{v(x)-v(x_0)}{x-x_0}=u'(x_0)\pm v'(x_0)$$

所以，$f'(x_0)=u'(x_0)\pm v'(x_0)$.

注：（1）本法则可推广到任意有限个可导函数的情形；

（2）本法则的结论也常简记为 $(u\pm v)'=u'\pm v'$.

例如 $(u+v-w)'=u'+v'-w'$.

法则 2：若 $u(x)$ 和 $v(x)$ 在点 $x=x_0$ 处可导，则 $f(x)=u(x)v(x)$ 在点 $x=x_0$ 处可导，且有 $f'(x_0)=u'(x_0)v(x_0)+u(x_0)v(x_0)'$.

函数积的求导法则：两个可导函数乘积的导数等于第一个因子的导数与第二个因子的乘积，加上第一个因子与第二个因子的导数的乘积.

注：（1）若取 $v(x)\equiv c$ 为常数，则有 $(cu)'=cu'$；

（2）本法则可推广到有限个可导函数的乘积. 例如：$(uvws)'=u'vws+uv'ws+uvw's+uvws'$.

法则 3：若 $u(x)$，$v(x)$ 都在点 $x=x_0$ 处可导，且 $v(x_0)\neq 0$，则 $f(x)=\dfrac{u(x)}{v(x)}$ 在点 $x=x_0$ 处也可导，且 $f'(x_0)=\dfrac{u'(x_0)v(x_0)-u(x_0)v'(x_0)}{v^2(x_0)}$.

函数商的求导法则：两个可导函数之商的导数等于分子的导数与分母的乘积减去分母的导数与分子的乘积，再除以分母的平方.

注：（1）本法则也可通过 $f(x)=u(x)\cdot\dfrac{1}{v(x)}$ 及 $\left[\dfrac{1}{v(x)}\right]$ 的求导公式得到；

（2）本公式简化为 $\left(\dfrac{u}{v}\right)'=\dfrac{u'v-uv'}{v^2}$.

一提到四则运算，我们就会想到实数运算的"加减乘除"，这里的导数运算也是类似的加减乘除，只不过要注意结论中的变化.

例 13 求下列函数的导数.

（1）$y=x^5+4\sin x-\cos x+7$；　　　　（2）$y=x\mathrm{e}^x$；

（3）$y=(1-2x^2)\sin x$；　　　　　　　（4）$y=\dfrac{3x}{2+5x^2}$.

解：

（1）$y'=(x^5+4\sin x-\cos x+7)'=(x^5)'+4(\sin x)'-(\cos x)'+(7)'$

$$=5x^4+4\cos x+\sin x.$$

（2）$y'=(x\mathrm{e}^x)'=(x)'\mathrm{e}^x+x(\mathrm{e}^x)'=\mathrm{e}^x+x\mathrm{e}^x=(x+1)\mathrm{e}^x.$

（3）$y'=[(1-2x^2)\sin x]'=(1-2x^2)'\sin x+(1-2x^2)(\sin x)'$

$$=-4x\sin x+(1-2x^2)\cos x=(1-2x^2)\cos x-4x\sin x.$$

$(4)\ y' = \left(\dfrac{3x}{2 + 5x^2} \right)' = \dfrac{(3x)'(2 + 5x^2) - 3x(2 + 5x^2)'}{(2 + 5x^2)^2} = \dfrac{3(2 + 5x^2) - 3x \cdot 10x}{(2 + 5x^2)^2}$

$\qquad = \dfrac{6 - 15x^2}{(2 + 5x^2)^2}.$

例 14 设 $f(x) = x + 2\sqrt{x} - \dfrac{2}{\sqrt{x}}$，求 $f'(x)$.

解：$f'(x) = \left(x + 2\sqrt{x} - \dfrac{2}{\sqrt{x}} \right)' = (x)' + (2\sqrt{x})' - \left(\dfrac{2}{\sqrt{x}} \right)' = 1 + \dfrac{2}{2} \cdot \dfrac{1}{\sqrt{x}} - 2\left(-\dfrac{1}{2} \right) \cdot \dfrac{1}{\sqrt{x^3}}$

$\qquad = 1 + \dfrac{1}{\sqrt{x}} + \dfrac{1}{\sqrt{x^3}}.$

例 15 设 $f(x) = xe^x \ln x$，求 $f'(x)$.

解：$f'(x) = (xe^x \ln x)' = (x)'e^x \ln x + x(e^x)' \ln x + xe^x(\ln x)'$

$\qquad = e^x \ln x + xe^x \ln x + xe^x \cdot \dfrac{1}{x} = e^x(1 + \ln x + x\ln x).$

3.2.2 间接求解分类

学习本小节内容之前，先看图 3-15 所示对话.

图 3-15

3-6 复合函数求导探索

1. 复合函数求导法则

设 $y = f(u)$，$u = \varphi(x)$，f 和 φ 均可导，则复合函数 $y = f[\varphi(x)]$ 的导数为

$$\dfrac{dy}{dx} = \dfrac{dy}{du} \cdot \dfrac{du}{dx} \ \text{或}\ y' = f'(u) \cdot \varphi'(x).$$

例 16 求下列函数的导数.

$(1)\ y = (x^2 + 1)^3$；$(2)\ y = \sin(3x^2)$；$(3)\ y = \log_a(x^2 + x + 1)$（$a > 0$ 且 $a \neq 1$）.

解：(1) 设 $u = x^2 + 1$，则 $y = u^3$. 因为 $y_u' = 3u^2$，$u_x' = 2x$，所以 $y_x' = y_u' \cdot u_x' = 3u^2 \cdot$
$2x = 6x(x^2 + 1)^2.$

(2) 设 $u = 3x^2$，则 $y = \sin u$，而 $y_u' = \cos u$，$u_x' = 6x$.

所以 $y_x' = y_u' \cdot u_x' = 6x\cos u = 6x\cos 3x^2.$

(3) 设 $u = x^2 + x + 1$，则 $y = \log_a u$，而 $y_u' = \dfrac{1}{u\ln a}$，$u_x' = 2x + 1$.

所以 $y_x' = y_u' \cdot u_x' = \dfrac{1}{u\ln a}(2x + 1) = \dfrac{2x + 1}{(x^2 + x + 1)\ln a}.$

例 17 求函数 $y = \sin^2 x$ 的导数.

解 函数 $y = \sin^2 x$ 可以看作是由函数 $y = u^2$ 与 $u = \sin x$ 复合而成的复合函数，则

$$y' = y'_u \cdot u'_x = (u^2)' \cdot (\sin x)' = 2u \cdot \cos x = 2\sin x \cos x.$$

例 18 求函数 $y = \ln\tan x$ 的导数.

解 函数 $y = \ln\tan x$ 可以看作是由函数 $y = \ln u$ 与 $u = \tan x$ 复合而成的，则

$$y' = f'(u) \cdot u'(x) = (\ln u)' \cdot (\tan x)' = \frac{1}{u} \cdot (\sec^2 x) = \frac{\sec^2}{\tan x} = \frac{1}{\sin x \cos x}.$$

$$= 2\csc 2x.$$

2. 隐函数和对数求导法

函数 $y = f(x)$ 表示两个变量 y 与 x 之间的对应关系，这种对应关系可以用各种不同方式表达. 前文介绍的函数，如 $y = \sin x$，$y = \ln x + \sqrt{1 - x^2}$ 等，这些函数表达方式的特点是：等号左端是因变量的符号，而右端是含有自变量的式子，当自变量取定义域内任一值时，由这式子能确定对应的函数值. 用这种方式表达的函数叫作显函数. 有些函数的表达方式却不是这样的，例如，方程 $x + y^3 - 1 = 0$ 表示一个函数，因为当变量 x 在 $(-\infty, +\infty)$ 内取值时，变量 y 有确定的值与之对应. 例如，当 $x = 0$ 时，$y = 1$；当 $x = -1$ 时，$y = \sqrt[3]{2}$，等等. 这样的函数称为隐函数.

一般地，如果在方程 $F(x, y) = 0$ 中，当 x 取某区间内的任一值时，相应地总有满足这方程的唯一的 y 值存在，那么就说方程 $F(x, y) = 0$ 在该区间内确定了一个隐函数.

把一个隐函数化成显函数，叫作隐函数的显化. 例如，从方程 $x + y^3 - 1 = 0$ 解出 $y = \sqrt[3]{1 - x}$，就把隐函数化成了显函数. 隐函数的显化有时是有困难的，甚至是不可能的. 但在实际问题中，有时需要计算隐函数的导数，因此，我们希望有一种方法，不管隐函数能否显化，都能直接由方程计算出它所确定的隐函数的导数来. 下面通过具体例子来说明这种方法.

例 19 求由方程 $e^y + xy - e = 0$ 所确定的隐函数 y 的导数 $\dfrac{dy}{dx}$.

解： 把方程两边分别对 x 求导数，注意 y 是 x 的函数. 方程左边对 x 求导得

$$\frac{d}{dx}(e^y + xy - e) = e^y \frac{dy}{dx} + y + x \frac{dy}{dx},$$

方程右边对 x 求导得 $(0)' = 0$.

由于等式两边对 x 的导数相等，所以

$$e^y \frac{dy}{dx} + y + x \frac{dy}{dx} = 0$$

从而 $\dfrac{dy}{dx} = -\dfrac{y}{x + e^y} \, (x + e^y \neq 0).$

在这个结果中，分式中的 y 是由方程 $e^y + xy - e = 0$ 所确定的隐函数.

隐函数求导方法小结：

（1）方程两端同时对 x 求导数，注意把 y 当作复合函数求导的中间变量来看待，例如 $(\ln y)'_x = \dfrac{1}{y} y'.$

（2）从求导后的方程中解出 y' 来.

（3）隐函数求导允许其结果中含有 y. 但求在一点处的导数时不但要把 x 值代进去，还要把对应的 y 值代进去.

例20 $xy + e^y = e$ 确定了 y 是 x 的函数，求 $y'(0)$.

解：$y + xy' + e^y y' = 0$，$y' = -\dfrac{y}{x + e^y}$，$\because x = 0$ 时 $y = 1$，$\therefore y'(0) = -\dfrac{1}{e}$.

例21 求隐函数 $x^3 + y^3 - 4xy = 0$ 的导数.

解：方程两端对 x 求导，得
$$3x^2 + 3y^2 y' - (4y + 4xy') = 0,$$

解得 $y' = \dfrac{4y - 3x^2}{3y^2 - 4x}$.

还有一种适合于含乘、除、乘方、开方的因子所构成的比较复杂的函数的求导方法叫"对数求导法"，具体步骤如下：

（1）两边取对数；

（2）两边对 x 求导.

例22 求函数 $y = x^x$ 的导数.

分析：本例题的底数与指数均含有自变量，不能用幂函数或指数函数的求导公式，可先两边取对数后再求导.

解：先对等号两边取对数，得
$$\ln y = x \cdot \ln x,$$

方程两边对 x 求导，得
$$\frac{1}{y}y' = \ln x + 1,$$

于是 $y' = y(\ln x + 1) = x^x(\ln x + 1)$.

3. 参数方程求导法

参数方程 $\begin{cases} x = \psi(t) \\ y = \phi(t) \end{cases}$ 确定了 y 与 x 间的函数关系，则称此函数关系所表示的函数为由参数方程所确定的函数. 其求导法则是：
$$\frac{\mathrm{d}y}{\mathrm{d}x} = \frac{\mathrm{d}y}{\mathrm{d}t} \cdot \frac{\mathrm{d}t}{\mathrm{d}x} = \frac{\mathrm{d}y/\mathrm{d}t}{\mathrm{d}x/\mathrm{d}t} = \frac{\psi'(t)}{\phi'(t)}.$$

例23 求参数方程 $\begin{cases} x = a(t - \sin t) \\ y = a(1 - \cos t) \end{cases}$ 所确定的函数的导数.

解：$y' = \dfrac{y'(t)}{x'(t)} = \dfrac{a\sin t}{a(1 - \cos t)} = \dfrac{\sin t}{1 - \cos t}$.

例24 求曲线 $L: \begin{cases} x = \cos t \\ y = \sin t \end{cases}$ 在 $t = \dfrac{\pi}{4}$ 对应点处的切线方程.

解 根据导数的几何意义，得
$$k = y' \Big|_{x = \frac{\sqrt{2}}{2}} = \frac{(\sin t)'}{(\cos t)'} \Big|_{t = \frac{\pi}{4}} = \frac{\cos t}{-\sin t} \Big|_{t = \frac{\pi}{4}} = -1.$$

当 $t = \dfrac{\pi}{4}$ 时，$x = \cos\dfrac{\pi}{4} = \dfrac{\sqrt{2}}{2}$，$y = \dfrac{\sqrt{2}}{2}$，于是所求切线方程为

$$y - \frac{\sqrt{2}}{2} = -\left(x - \frac{\sqrt{2}}{2}\right).$$

整理得 $y + x = \sqrt{2}$.

4. 高阶导数

引例：若质点的运动方程为 $s = s(t)$，则物体的运动速度为 $v(t) = s'(t)$，或 $v(t) = \dfrac{\mathrm{d}s}{\mathrm{d}t}$，而加速度 $a(t)$ 是速度 $v(t)$ 对时间 t 的变化率，即 $a(t)$ 是速度 $v(t)$ 对时间 t 的导数：$a(t) = \dfrac{\mathrm{d}v}{\mathrm{d}t}$ $\Rightarrow$ $\alpha = \dfrac{\mathrm{d}}{\mathrm{d}t}\left(\dfrac{\mathrm{d}s}{\mathrm{d}t}\right)$ 或 $\alpha = v'(t) = (s'(t))'$. 由上可见，加速度 $a(t)$ 是 $s(t)$ 的导函数的导数，这样就产生了高阶导数，一般地，有如下的定义.

定义：若函数 $y = f(x)$ 的导函数 $f'(x)$ 在点 $x = x_0$ 处可导，就称 $f'(x)$ 在 $x = x_0$ 处的导数为函数 $y = f(x)$ 在 $x = x_0$ 处的二阶导数，记为 $f''(x_0)$，即 $\lim\limits_{x \to x_0}\dfrac{f'(x) - f'(x_0)}{x - x_0} = f''(x_0)$. 此时，也称函数 $y = f(x)$ 在点 $x = x_0$ 处二阶可导.

注：（1）若 $y = f(x)$ 在区间 I 上的每一点都二次可导，则称 $f(x)$ 在区间 I 上二次可导，并称 $f''(x)$，$x \in I$ 为 $f(x)$ 在 I 上的二阶导函数，简称二阶导数.

（2）仿上定义，由二阶导数 $f''(x)$ 可定义三阶导数 $f'''(x)$，由三阶导数 $f'''(x)$ 可定义四阶导数 $f^{(4)}(x)$. 一般地，可由 $n - 1$ 阶导数 $f^{(n-1)}(x)$ 可定义 n 阶导数 $f^{(n)}(x)$.

（3）二阶以上的导数称为高阶导数，高阶导数与高阶导函数分别记为 $f^{(n)}(x_0)$，$y^{(n)}(x_0)$，$\dfrac{\mathrm{d}^n y}{\mathrm{d}x^n}\big|_{x = x_0}$ 或 $\dfrac{\mathrm{d}^n f}{\mathrm{d}x^n}\big|_{x = x_0}$，$f^{(n)}(x)$，$y^{(n)}(x)$，$\dfrac{\mathrm{d}^n y}{\mathrm{d}x^n}$ 或 $\dfrac{\mathrm{d}^n f}{\mathrm{d}x^n}$.

（4）开始所述的加速度就是 s 对 t 的二阶导数，依上记法，可记为 $a(t) = \dfrac{\mathrm{d}^2 s}{\mathrm{d}t^2}$ 或 $a(t) = s''(t)$.

（5）未必任何函数的所有高阶导数都存在.

例 25 $y = \mathrm{e}^x$，求各阶导数.

解：$y' = \mathrm{e}^x$，$y'' = \mathrm{e}^x$，$y''' = \mathrm{e}^x$，$y^{(4)} = \mathrm{e}^x$，显然易见，对任意 n，有 $y^{(n)} = \mathrm{e}^x$，即 $(\mathrm{e}^x)^{(n)} = \mathrm{e}^x$.

例 26 $y = \sin x$，求各阶导数.

解：$y = \sin x$，$y' = \cos x = \sin\left(x + \dfrac{\pi}{2}\right)$，……

一般地，有 $y^{(n)} = \sin\left(x + n\dfrac{\pi}{2}\right)$，即 $(\sin x)^{(n)} = \sin\left(x + n\dfrac{\pi}{2}\right)$.

同样可求得 $(\cos x)^{(n)} = \cos\left(x + n\dfrac{\pi}{2}\right)$.

例 27 $y = \mathrm{e}^x \cos x$，求 y''.

解：$y' = e^x\cos x + e^x(-\sin x) = e^x(\cos x - \sin x)$，

$y'' = e^x(\cos x - \sin x) + e^x(-\sin x - \cos x) = e^x(-2\sin x) = -2e^x\sin x$，

$y''' = -2(e^x\sin x + e^x\cos x) = -2e^x(\sin x + \cos x)$.

技巧点拨

（1）对于基本求导公式建议按照学习基本初等函数的顺序去记忆，这样记忆会更加牢固；

（2）将基本求导公式、四则运算、复合函数及相应变形函数的求导计算逐层递进地理解，有助于高效地计算；

（3）结合物理中质点的运动速度和加速度理解导数及二阶导数的含义，熟练掌握导数的几何意义；

（4）熟练掌握不同变形函数的求导步骤.

能力操练 3.2

1. 求下列函数的导数.

（1）$y = 3x^3 + 3^x + \ln x + 3^3$；　　　　（2）$y = x\sec x - \csc x$；

（3）$y = e^x\cos x$；　　　　（4）$y = (x^2 + 1)\ln x$；

（5）$y = x^{\sqrt{2}} + x\arcsin x$；　　　　（6）$y = \cos x + x^2\sin x$.

2. 求下列函数在指定点处的导数.

（1）$y = \dfrac{1}{2}\cos x + x\tan x$，$y'\big|_{x=\frac{\pi}{4}}$；　　　　（2）$y = \dfrac{x^2}{(1-x)(1+x)}$，$y'\big|_{x=2}$；

（3）$y = \dfrac{\cos x}{2x^2 + 3}$，$y'\big|_{x=\frac{\pi}{2}}$；　　　　（4）$y = xe^x$，$y'\big|_{x=0}$；

（5）$y = \dfrac{x}{4^x}$，$y'\big|_{x=1}$；　　　　（6）$y = \dfrac{1 + \ln x}{x}$，$y'\big|_{x=e}$.

3. 求下列方程所确定的隐函数的导数 $\dfrac{\mathrm{d}y}{\mathrm{d}x}$.

（1）$ax^2 + by^2 - 1 = 0$；　　　　（2）$y^2 - 2axy + b = 0$；

（3）$y = 1 + x\sin y$；　　　　（4）$e^y = \sin(x + y)$.

4. 求下列参数方程所确定的函数的导数 $\dfrac{\mathrm{d}y}{\mathrm{d}x}$.

（1）$\begin{cases} x = 2t \\ y = 4t^2 \end{cases}$；　　　　（2）$\begin{cases} x = te^{-t} \\ y = e^t \end{cases}$；

（3）$\begin{cases} x = a\cos^3 t \\ y = b\sin^3 t \end{cases}$　　　　（4）$\begin{cases} x = t(1 - \sin t) \\ y = t\cos t \end{cases}$.

5. 用对数求导法求下列函数的导数.

（1）$y = x^{x^2}$；　　　　（2）$y = x^{\frac{1}{x}}$；

（3）$y = (1 + \cos x)^{\frac{1}{x}}$；　　　　（4）$y = (\ln x)^{e^x}$.

6. 求下列函数的二阶导数 $\dfrac{\mathrm{d}^2 y}{\mathrm{d}x^2}$.

（1）$y = \mathrm{e}^{\sqrt{x}}$；

（2）$y = \mathrm{e}^{-x^2}$；

（3）$y = \sin^2 x$；

（4）$y = (\arcsin x)^2$；

（5）$y = \mathrm{e}^{-x}\sin x$；

（6）$y = \dfrac{\mathrm{e}^x}{x}$.

3.3 函数的微分

导数与微分的关系见图 3-16.

图 3-16

3.3.1 微分的定义

计算函数增量 $\Delta y = f(x_0 + \Delta x) - f(x_0)$ 是我们非常关心的. 一般说来，函数的增量的计算是比较复杂的，我们希望寻求函数增量的近似计算方法.

先分析一个具体问题，一块正方形金属薄片受温度变化的影响，其边长由 x_0 变到 $x_0 + \Delta x$（图 3-17），求此薄片的面积改变了多少？

设此正方形薄片的边长为 x，面积为 A，则 A 是 x 的函数 $A = x^2$. 薄片受温度变化的影响时面积的改变

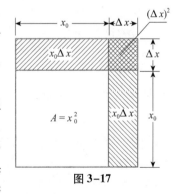

图 3-17

量，可以看成是当自变量 x 自 x_0 取得增量 Δx 时，函数 A 相应的增量 ΔA，即
$$\Delta A = (x_0 + \Delta x)^2 - x_0^2 = 2x_0 \Delta x + (\Delta x)^2.$$

从上式可以看出，ΔA 分成两部分，第一部分 $2x_0 \Delta A$ 是 ΔA 的线性函数，即图中

带有斜线的两个矩形面积之和；而第二部分 $(\Delta x)^2$ 在图中是带有交叉斜线的小正方形的面积. 当 $\Delta x \to 0$ 时，第二部分 $(\Delta x)^2$ 是 Δx 的高阶无穷小，即 $(\Delta x)^2 = o(\Delta x)$. 由此可见，如果边长改变很微小，即 $|\Delta x|$ 很小时，面积的改变量 ΔA 可近似地用第一部分来代替.

一般地，如果函数 $y = f(x)$ 满足一定条件，则函数的增量 Δy 可表示为

$$\Delta y = A\Delta x + o(\Delta x),$$

其中，A 是不依赖于 Δx 的常数，因此 $A\Delta x$ 是 Δx 的线性函数，且它与 Δy 之差

$$\Delta y - A\Delta x = o(\Delta x)$$

是 Δx 的高阶无穷小. 所以，当 $A \neq 0$，且 $|\Delta x|$ 很小时，我们就可近似地用 $A\Delta x$ 来代替 Δy.

定义：设函数 $y = f(x)$ 在某区间内有定义，$x_0 + \Delta x$ 及 x_0 在这个区间内，如果函数的增量可表示为

$$\Delta y = A\Delta x + o(\Delta x). \tag{1}$$

其中，A 是不依赖于 Δx 的常数，而 $o(\Delta x)$ 是 Δx 的高阶无穷小，那么称函数 $y = f(x)$ 在点 x_0 处是可微的，而 $A\Delta x$ 叫作函数 $y = f(x)$ 在 $x = x_0$ 处相应于自变量增量 Δx 的微分，记作 $\mathrm{d}y$，即 $\mathrm{d}y = A\Delta x$.

下面讨论函数可微的条件. 设函数 $y = f(x)$ 在 $x = x_0$ 处可微，则按定义有式（1）成立.

式（1）两边除以 Δx，得 $\dfrac{\Delta y}{\Delta x} = A + \dfrac{o(\Delta x)}{\Delta x}$.

于是，当 $\Delta x \to 0$ 时，由上式可得

$$A = \lim_{\Delta x \to 0} \frac{\Delta y}{\Delta x} = f'(x_0).$$

因此，如果函数 $f(x)$ 在 $x = x_0$ 处可微，则 $f(x)$ 在 $x = x_0$ 处也一定可导（即 $f'(x_0)$ 存在），且 $A = f'(x_0)$.

反之，如果 $y = f(x)$ 在 $x = x_0$ 处可导，即 $f'(x_0)$ 存在，根据极限与无穷小的关系，上式可写成

$$\frac{\Delta y}{\Delta x} = f'(x_0) + \alpha,$$

其中 $\alpha \to 0$（当 $\Delta x \to 0$）. 由此又有

$$\Delta y = f'(x_0)\Delta x + \alpha\Delta x.$$

因 $\alpha\Delta x = o(\Delta x)$，且不依赖于 Δx，故上式相当于式（1），所以 $f(x)$ 在 $x = x_0$ 处也是可微的.

由此可见，函数 $f(x)$ 在 $x = x_0$ 处可微的充分必要条件是函数 $f(x)$ 在 $x = x_0$ 处可导，且当 $f(x)$ 在 $x = x_0$ 处可微时，其微分一定是

$$\mathrm{d}y = f'(x_0)\Delta x. \tag{2}$$

当 $f'(x_0) \neq 0$ 时，有

$$\lim_{\Delta x \to 0} \frac{\Delta y}{\mathrm{d}y} = \lim_{\Delta x \to 0} \frac{\Delta y}{f'(x_0)\Delta x} = \frac{1}{f'(x_0)} \lim_{\Delta x \to 0} \frac{\Delta y}{\Delta x} = 1.$$

从而，当 $\Delta x \to 0$ 时，Δy 与 $\mathrm{d}y$ 是等价无穷小，这时有

$$\Delta y = \mathrm{d}y + o(\mathrm{d}y) \tag{3}$$

即 $\mathrm{d}y$ 是 Δy 的主部．又由于 $\mathrm{d}y = f'(x_0)\Delta x$ 是 Δx 的线性函数，所以在 $f'(x_0) \neq 0$ 的条件下，我们说 $\mathrm{d}y$ 是 Δy 的线性主部（当 $\Delta x \to 0$）．这时由式（3）有

$$\lim_{\Delta x \to 0} \frac{\Delta y - \mathrm{d}y}{\mathrm{d}y} = 0,$$

从而也有

$$\lim_{\Delta x \to 0} \left| \frac{\Delta y - \mathrm{d}y}{\mathrm{d}y} \right| = 0.$$

式子 $\left| \dfrac{\Delta y - \mathrm{d}y}{\mathrm{d}y} \right|$ 表示以 $\mathrm{d}y$ 近似代替 Δy 时的相对误差，于是我们得到结论：在 $f'(x_0) \neq 0$ 的条件下，以微分 $\mathrm{d}y = f'(x_0)\Delta x$ 近似代替增量 $\Delta y = f(x_0 + \Delta x) - f(x_0)$ 时，当 $\Delta x \to 0$ 时相对误差趋近零．因此，在 $|\Delta x|$ 很小时，有精确度较好的近似等式

$$\Delta y \approx \mathrm{d}y.$$

函数 $y = f(x)$ 在任意点 x 处的微分，称为函数的微分，记作 $\mathrm{d}y$ 或 $\mathrm{d}f(x)$，即

$$\mathrm{d}y = f'(x)\Delta x.$$

注1：由微分的定义，我们可以把导数看成微分的商．例如，求 $\sin x$ 对 $\sqrt{x}$ 的导数时就可以看成 $\sin x$ 微分与 $\sqrt{x}$ 微分的商，即

$$\frac{\mathrm{d}\sin x}{\mathrm{d}\sqrt{x}} = \frac{\cos x \mathrm{d}x}{\frac{1}{2\sqrt{x}}\mathrm{d}x} = 2\sqrt{x}\cos x.$$

注2：函数在一点处的微分是函数增量的近似值，它与函数增量仅相差 Δx 的高阶无穷小．因此要会应用下面两个公式

$$\Delta y \approx \mathrm{d}y = f'(x_0)\Delta x,$$
$$f'(x_0 + \Delta x) \approx f(x_0) + f'(x_0)\Delta x.$$

做近似计算．

3.3.2 微分的几何意义

为了对微分有比较直观的了解，下面介绍微分的几何意义．

在直角坐标系中，函数 $y = f(x)$ 的图形是一条曲线．对于某一固定的 x_0 值，曲线上有一个确定点 $M(x_0, y_0)$，当自变量 x 有微小增量 Δx 时，就得到曲线上另一点 $N(x_0 + \Delta x, y_0 + \Delta y)$．由图 3-18 可知：

$$MQ = \Delta x,$$
$$QN = \Delta y.$$

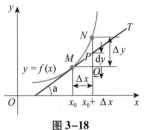

图 3-18

过 M 点作曲线的切线，它的倾角为 α，则

$$QP = MQ \cdot \tan\alpha = \Delta x \cdot f'(x_0),$$

即 $\mathrm{d}y = QP$.

由此可见，当 Δy 是曲线 $y = f(x)$ 上的 M 点的纵坐标的增量时，$\mathrm{d}y$ 就是曲线的切线上 M 点的纵坐标的相应增量．当 $|\Delta x|$ 很小时，$|\Delta y - \mathrm{d}y|$ 比 $|\Delta x|$ 小得多．因此在点 M 的邻近，我们可以用切线段来近似代替曲线段．

3.3.3 基本初等函数的微分公式及微分运算法则

1. 微分法则

由 $\mathrm{d}y = f'(x)\mathrm{d}x$ 很容易得到如下的微分的运算法则及微分公式（当 u 和 v 都可微）

$$\mathrm{d}(u \pm v) = \mathrm{d}u \pm \mathrm{d}v,$$
$$\mathrm{d}(Cu) = C\mathrm{d}u,$$
$$\mathrm{d}(u \cdot v) = v\mathrm{d}u + u\mathrm{d}v,$$
$$\mathrm{d}\left(\frac{u}{v}\right) = \frac{v\mathrm{d}u - u\mathrm{d}v}{v^2}.$$

2. 基本初等函数的微分公式

$$\mathrm{d}(x^\mu) = \mu x^{\mu-1}\mathrm{d}x,$$
$$\mathrm{d}(\sin x) = \cos x\mathrm{d}x, \quad \mathrm{d}(\cos x) = -\sin x\mathrm{d}x,$$
$$\mathrm{d}(\tan x) = \sec^2 x\mathrm{d}x, \quad \mathrm{d}(\cot x) = -\csc^2 x\mathrm{d}x,$$
$$\mathrm{d}(\sec x) = \sec x\tan x\mathrm{d}x, \quad \mathrm{d}(\csc x) = -\csc x\cot x\mathrm{d}x,$$
$$\mathrm{d}(a^x) = a^x\ln a\mathrm{d}x, \quad \mathrm{d}(\mathrm{e}^x) = \mathrm{e}^x\mathrm{d}x,$$
$$\mathrm{d}(\log_a x) = \frac{1}{x\ln a}\mathrm{d}x, \quad \mathrm{d}(\ln x) = \frac{1}{x}\mathrm{d}x, \quad \mathrm{d}(\arcsin x) = \frac{1}{\sqrt{1-x^2}}\mathrm{d}x,$$
$$\mathrm{d}(\arccos x) = -\frac{1}{\sqrt{1-x^2}}\mathrm{d}x, \quad \mathrm{d}(\arctan x) = \frac{1}{1+x^2}\mathrm{d}x,$$
$$\mathrm{d}(\mathrm{arccot} x) = -\frac{1}{1+x^2}\mathrm{d}x.$$

注：上述公式必须记牢，对以后学习积分学很有好处，而且上述公式要从右向左进行记忆.

例如：

$$\frac{1}{\sqrt{x}}\mathrm{d}x = 2\mathrm{d}\sqrt{x}, \quad \frac{1}{x^2}\mathrm{d}x = -\mathrm{d}\frac{1}{x},$$

$$\mathrm{d}x = \frac{1}{a}\mathrm{d}(ax + b), \quad a^x\mathrm{d}x = \frac{1}{\ln a}\mathrm{d}a^x.$$

3. 复合函数微分法则

与复合函数的求导法则相对应的复合函数的微分法则可推导如下：

设 $y = f(u)$ 及 $u = \varphi(x)$ 都可微，则复合函数 $y = f[\varphi(x)]$ 的微分为

$$\mathrm{d}y = y'_x\mathrm{d}x = f'(u)\varphi'(x)\mathrm{d}x.$$

由于 $\varphi'(x)\mathrm{d}x = \mathrm{d}u$，所以，复合函数 $y = f[\varphi(x)]$ 的微分公式也可以写成

$$dy = f'(u)du \text{ 或 } dy = y_u'du.$$

由此可见，无论 u 是自变量还是另一个变量的可微函数，微分形式 $dy = f'(u)du$ 保持不变. 这一性质称为微分形式不变性. 这性质表示，当变换自变量时（即设 u 为另一变量的任一可微函数时），微分形式 $dy = f'(u)du$ 并不改变.

例 28 $y = \ln(1 + e^{x^2})$，求 dy.

解： $dy = d[\ln(1 + e^{x^2})] = \dfrac{1}{1 + e^{x^2}}d(1 + e^{x^2}) = \dfrac{1}{1 + e^{x^2}} \cdot e^{x^2}dx^2 = \dfrac{e^{x^2}}{1 + e^{x^2}} \cdot 2xdx$

$$= \frac{2xe^{x^2}}{1 + e^{x^2}}dx.$$

3-7 典型题讲练

例 29 $y = \sqrt{x + \ln^2 x}$，$f'(1)$.

解： 由于 $y' = (\sqrt{x + \ln^2 x})' = \dfrac{1}{2\sqrt{x + \ln^2 x}} \cdot \left(1 + 2\ln x \cdot \dfrac{1}{x}\right)$,

所以 $\qquad\qquad\qquad\qquad f'(1) = \dfrac{1}{2}.$

3-8 拓展题讲练

例 30 求 $y = f(x^2)$，求 y'.

解： $y' = (f(x^2))' = f'(x^2) \cdot (x^2)' = 2xf'(x^2)$.

例 31 求方程 $xy = e^{x+y}$ 所确定的隐函数 y 的导数 $\dfrac{dy}{dx}$.

解： 方程两边对 x 求导

$$(xy)' = (e^{x+y})',$$

即 $\qquad\qquad\qquad\qquad y + xy' = e^{x+y}(1 + y'),$

整理可得 $\qquad\qquad y' = \dfrac{e^{x+y} - y}{x - e^{x+y}} = \dfrac{y(x - 1)}{x(1 - y)}.$

练一练：求下列函数的微分.

(1) $y = \sin x + \cos x$；　　　　　　(2) $y = x\sin 2x$；

(3) $y = \dfrac{\cos x}{1 - x^2}$；　　　　　　　(4) $y = \dfrac{x}{\sqrt{x^2 + 1}}$；

(5) $y = e^x\cos 5x$；　　　　　　　(6) $y = (e^x + e^{-x})^2$.

3.4 拨开云雾见导数

学完了导数的基本计算公式和法则，大家肯定会想如何转化成应用呢？（图 3-19）

3.4.1 洛必达法则

1. 定理

若函数 $f(x)$ 及 $F(x)$ 满足：

(1) $\lim\limits_{x \to x_0} f(x) = 0$，$\lim\limits_{x \to x_0} g(x) = 0$；

(2) 在点 x_0 的某去心邻域内，$f'(x)$ 和 $g'(x)$ 都存在，且 $g'(x) \neq 0$；

3-9 洛必达法则

图 3-19

（3）$\lim\limits_{x\to x_0}\dfrac{f'(x)}{g'(x)}$ 存在（或为无穷大），

那么 $\lim\limits_{x\to x_0}\dfrac{f(x)}{g(x)}=\lim\limits_{x\to x_0}\dfrac{f'(x)}{g'(x)}$.

此法则解决的是 $x\to x_0$ 时的 $\dfrac{0}{0}$ 型未定式求极限，类似地，还有 $x\to x_0$ 时的 $\dfrac{\infty}{\infty}$ 型，$x\to\infty$ 时的 $\dfrac{0}{0}$ 型和 $\dfrac{\infty}{\infty}$ 型.

注意：只有 $\dfrac{0}{0}$ 和 $\dfrac{\infty}{\infty}$ 型未定式才能使用洛必达法则求极限，另外还有其他 5 种形式的未定式，即 $0\cdot\infty$、$\infty-\infty$、0^0、1^∞、∞^0，它们也可以通过适当方法，使其转化为 $\dfrac{0}{0}$ 或 $\dfrac{\infty}{\infty}$ 型的未定式，再使用洛必达法则.

例 32 求 $\lim\limits_{x\to 0}\dfrac{1-\cos x}{x^2}$.

解： $\lim\limits_{x\to 0}\dfrac{1-\cos x}{x^2}=\lim\limits_{x\to 0}\dfrac{\sin x}{2x}=\dfrac{1}{2}\lim\limits_{x\to 0}\dfrac{\sin x}{x}=\dfrac{1}{2}$.

例 33 求 $\lim\limits_{x\to+\infty}\dfrac{\ln x}{x^3}$.

解： $\lim\limits_{x\to+\infty}\dfrac{\ln x}{x^3}=\lim\limits_{x\to+\infty}\dfrac{\dfrac{1}{x}}{3x^2}=\lim\limits_{x\to+\infty}\dfrac{1}{3x^3}=0$.

例 34 求 $\lim\limits_{x\to 0}\dfrac{x-\tan x}{x-\sin x}$.

解：该例题属于求 $\dfrac{0}{0}$ 型未定式的极限.

$$\lim_{x\to0}\frac{x-\tan x}{x-\sin x}=\lim_{x\to0}\frac{1-\sec^2x}{1-\cos x}$$

$$=\lim_{x\to0}\frac{-2\sec^2x\cdot\tan x}{\sin x}=-\lim_{x\to0}\frac{2}{\cos^3x}=-2.$$

例 35 求 $\displaystyle\lim_{x\to0}\frac{\sin^2x-x\sin x\cos x}{x^4}$.

解：该例题为对 $\dfrac{0}{0}$ 型未定式的权限，如果直接运用洛必达法则，分子的导数比较复杂，但如果利用极限运算法则进行适当化简，再用洛必达法则就简单多了.

$$\lim_{x\to0}\frac{\sin^2x-x\sin x\cos x}{x^4}=\lim_{x\to0}\frac{\sin x-x\cos x}{x^3}\cdot\lim_{x\to0}\frac{\sin x}{x}$$

$$=\lim_{x\to0}\frac{\sin x-x\cos x}{x^3}=\lim_{x\to0}\frac{\cos x-\cos x+x\sin x}{3x^2}=\lim_{x\to0}\frac{\sin x}{3x}=\frac{1}{3}.$$

例 36 求 $\displaystyle\lim_{x\to0}\frac{x^2\sin\dfrac{1}{x}}{\sin x}$.

解：该例题为对 $\dfrac{0}{0}$ 型未定式的权限，这时若对分子和分母分别求导再求极限，得

$$\lim_{x\to0}\frac{x^2\sin\dfrac{1}{x}}{\sin x}=\lim_{x\to0}\frac{2x\sin\dfrac{1}{x}-\cos\dfrac{1}{x}}{\cos x}.$$

上式右端的极限不存在且不为 ∞，所以洛必达法则失效. 事实上可以求得

$$\lim_{x\to0}\frac{x^2\sin\dfrac{1}{x}}{\sin x}=\lim_{x\to0}\left(\frac{1}{\dfrac{\sin x}{x}}\cdot x\cdot\sin\frac{1}{x}\right)=\lim_{x\to0}\frac{1}{\dfrac{\sin x}{x}}\lim_{x\to0}x\cdot\sin\frac{1}{x}=0.$$

2. 其他未定式

若对某极限过程有 $f(x)\to0$ 且 $g(x)\to\infty$，则称 $\lim[f(x)g(x)]$ 为 $0\cdot\infty$ 型未定式.

若对某极限过程有 $f(x)\to\infty$ 且 $g(x)\to\infty$，则称 $\lim[f(x)-g(x)]$ 为 $\infty-\infty$ 型未定式.

若对某极限过程有 $f(x)\to0^+$ 且 $g(x)\to0$，则称 $\lim f(x)^{g(x)}$ 为 0^0 型未定式.

若对某极限过程有 $f(x)\to1$ 且 $g(x)\to\infty$，则称 $\lim f(x)^{g(x)}$ 为 1^∞ 型未定式.

若对某极限过程有 $f(x)\to+\infty$ 且 $g(x)\to0$，则称 $\lim f(x)^{g(x)}$ 为 ∞^0 型未定式.

上面这些未定式都可以经过简单地变换转化成 $\dfrac{0}{0}$ 型或 $\dfrac{\infty}{\infty}$ 型未定式. 因此，常常可以用洛必达法则求出其极限，下面举例说明.

例 37 求 $\lim\limits_{x\to1^-}[\ln x\cdot\ln(1-x)]$.

解： 这是 $0\cdot\infty$ 型未定式.

$$\lim\limits_{x\to1^-}[\ln x\cdot\ln(1-x)]=\lim\limits_{x\to1^-}\frac{\ln(1-x)}{(\ln x)^{-1}}\ \left(\frac{\infty}{\infty}\ \text{型}\right)=\lim\limits_{x\to1^-}\frac{-\dfrac{1}{1-x}}{-\dfrac{1}{x\ln^2x}}=\lim\limits_{x\to1^-}\frac{x\ln^2x}{1-x}$$

$$=\lim\limits_{x\to1^-}x\cdot\lim\limits_{x\to1^-}\frac{\ln^2x}{1-x}=\lim\limits_{x\to1^-}\frac{(2\ln x)\cdot\dfrac{1}{x}}{-1}=0.$$

例 38 求 $\lim\limits_{x\to1}\left(\dfrac{x}{x-1}-\dfrac{1}{\ln x}\right)$.

解： 这是 $\infty-\infty$ 型未定式，通分后可转换成 $\dfrac{0}{0}$ 型.

$$\lim\limits_{x\to1}\left(\frac{x}{x-1}-\frac{1}{\ln x}\right)=\lim\limits_{x\to1}\frac{x\ln x-x+1}{(x-1)\ln x}\ \left(\frac{0}{0}\ \text{型}\right)=\lim\limits_{x\to1}\frac{\ln x}{\dfrac{x-1}{x}+\ln x}$$

$$=\lim\limits_{x\to1}\frac{\dfrac{1}{x}}{\dfrac{1}{x^2}+\dfrac{1}{x}}=\frac{1}{2}.$$

例 39 求 $\lim\limits_{x\to0^+}x^{\sin x}$.

解： 这是 0^0 型未定式，先运用对数恒等式 $x^{\sin x}=\mathrm{e}^{\ln x^{\sin x}}=\mathrm{e}^{\sin x\cdot\ln x}$ 进行转换，再求极限.

$$\lim\limits_{x\to0^+}x^{\sin x}=\lim\limits_{x\to0^+}\mathrm{e}^{\sin x\cdot\ln x}=\mathrm{e}^{\lim\limits_{x\to0}\sin x\cdot\ln x}=\mathrm{e}^{\lim\limits_{x\to0}\frac{\ln x}{\frac{1}{\sin x}}}=\mathrm{e}^{\lim\limits_{x\to0}\frac{\frac{1}{x}}{\frac{\cos x}{\sin^2x}}}=\mathrm{e}^{\lim\limits_{x\to0}\frac{-\sin^2x}{x^2}\cdot\frac{x}{\cos x}}=\mathrm{e}^0=1.$$

例 40 求 $\lim\limits_{x\to1}(2-x)^{\tan\frac{\pi}{2}x}$.

解： 这是 1^∞ 型未定式. 还是先运用对数恒等式 $(2-x)^{\tan\frac{\pi}{2}x}=\mathrm{e}^{\ln(2-x)^{\tan\frac{\pi}{2}x}}$ $=\mathrm{e}^{\tan\frac{\pi}{2}x\cdot\ln(2-x)}$ 进行转换，再求极限.

$$\lim\limits_{x\to1}(2-x)^{\tan\frac{\pi}{2}x}=\mathrm{e}^{\lim\limits_{x\to1}\tan\frac{\pi}{2}x\cdot\ln(2-x)}=\mathrm{e}^{\lim\limits_{x\to1}\ln(2-x)\cot\frac{\pi}{2}x}=\mathrm{e}^{\lim\limits_{x\to1}\left(-\frac{1}{2-x}\right)/(-\csc^2\frac{\pi}{2}x)\cdot\frac{\pi}{2}}$$

$$=\mathrm{e}^{\frac{2}{\pi}\lim\limits_{x\to1}\frac{\sin^2\frac{\pi}{2}x}{(2-x)}}=\mathrm{e}^{\frac{2}{\pi}}.$$

注： 例 40 也可结合运用单元二中介绍的方法求得，即

$$\lim\limits_{x\to1}(2-x)^{\tan\frac{\pi}{2}x}=\lim\limits_{x\to1}\left[1+(1-x)\right]^{\frac{1}{1-x}\cdot(1-x)\tan\frac{\pi}{2}x}=\mathrm{e}^{\lim\limits_{x\to1}(1-x)\tan\frac{\pi}{2}x}=\mathrm{e}^{\lim\limits_{x\to1}(1-x)/\cot\frac{\pi}{2}x}$$

$$=\mathrm{e}^{\lim\limits_{x\to1}-1/\cot^2\frac{\pi}{2}x\cdot\frac{\pi}{2}}=\mathrm{e}^{\frac{2}{\pi}\lim\limits_{x\to1}\sin^2\frac{\pi}{2}x}=\mathrm{e}^{\frac{2}{\pi}}.$$

例 41 求 $\lim\limits_{x\to0^+}\left(1+\dfrac{1}{x}\right)^x$.

解： 这是 ∞^0 型未定式.

$$\lim_{x\to0^+}\left(1+\frac{1}{x}\right)^x=\lim_{x\to0^+}e^{x\ln\left(1+\frac{1}{x}\right)}=e^{\lim_{x\to0^+}\frac{\ln\left(1+\frac{1}{x}\right)}{\frac{1}{x}}}=e^{\lim_{x\to0^+}\frac{\left(1+\frac{1}{x}\right)^{-1}\cdot\left(-\frac{1}{x^2}\right)}{-\frac{1}{x^2}}}=e^{\lim_{x\to0^+}\frac{x}{1+x}}=e^0=1.$$

洛必达法则是求未定式的一种有效方法，但不是万能的．我们要学会善于根据具体问题采取不同的方法求解，最好能与其他求极限的方法结合使用，例如能化简时应尽可能先化简；可以应用等价无穷小替代成重要极限时，应尽可能应用，这样可以使运算简捷．

例 42 求 $\lim\limits_{x\to0}\dfrac{x-\tan x}{x^2\cdot\sin x}$.

解： 若直接用洛必达法则，则求分母的导函数较烦琐．我们可先进行等价无穷小的代换．由 $\sin x\sim x\ (x\to0)$，则有

$$\lim_{x\to0}\frac{x-\tan x}{x^2\cdot\sin x}=\lim_{x\to0}\frac{x-\tan x}{x^3}=\lim_{x\to0}\frac{1-\sec^2 x}{3x^2}=-\lim_{x\to0}\frac{2\sec^2 x\cdot\tan x}{6x}$$

$$=-\frac{1}{3}\lim_{x\to0}\frac{1}{\cos^2 x}\cdot\lim_{x\to0}\frac{\tan x}{x}=-\frac{1}{3}\lim_{x\to0}\frac{\tan x}{x}=-\frac{1}{3}.$$

🎧 **技巧点拨**

对于洛必达法则的几点解释：

（1）上述定理对 $x\to\infty$ 时的 $\dfrac{0}{0}$ 型未定式同样有用，对 $x\to x_0$ 或 $x\to\infty$ 时的 $\dfrac{0}{0}$ 型未定式也有相应的法则．

（2）只要满足条件，可以多次使用洛必达法则，直到能求出极限．

（3）对 $0\cdot\infty$，$\infty\pm\infty$ 型未定式，可通过取倒数、通分等恒等变形化为 $\dfrac{0}{0}$ 型或 $\dfrac{\infty}{\infty}$ 型；对 0^0，1^∞，∞^0 等幂指型未定式，可取对数化为 $0\cdot\infty$ 型，然后化为 $\dfrac{0}{0}$ 型或 $\dfrac{\infty}{\infty}$ 型．

📅 **能力操练** 3.4.1

用洛必达法则求下列函数的极限．

（1）$\lim\limits_{x\to\frac{\pi}{2}}\dfrac{\cos x}{x-\dfrac{\pi}{2}}$；

（2）$\lim\limits_{x\to2}\dfrac{\ln(x-1)}{x-2}$；

（3）$\lim\limits_{x\to\pi}\dfrac{1+\cos x}{\tan^2 x}$；

（4）$\lim\limits_{x\to0}\dfrac{x-\sin x}{x^3}$；

（5）$\lim\limits_{x\to3}\dfrac{2^x-8}{x-3}$；

（6）$\lim\limits_{x\to0}\dfrac{e^x-e^{-x}}{\sin x}$；

（7）$\lim\limits_{x\to1}\dfrac{x^n-1}{x-1}$；

（8）$\lim\limits_{x\to a}\dfrac{\sin x-\sin a}{x-a}$；

（9）$\lim\limits_{x\to0}\dfrac{e^x+\sin x-1}{\ln(1+x)}$；

（10）$\lim\limits_{x\to\frac{\pi}{4}}\dfrac{\tan x-1}{\sin 4x}$；

（11）$\lim\limits_{x\to 0}\dfrac{e^x - e^{-x} - 2x}{x - \sin x}$；　　　　　　（12）$\lim\limits_{x\to \frac{\pi}{2}}\dfrac{\tan x}{\tan 3x}$.

3.4.2　大致描绘函数的图形

这里用"大致描绘"而不用"精确描绘"，因为精确描绘一个函数的图形相对要更复杂，而且在实际应用中往往知晓函数的大致图形即可．怎么来"大致描绘"呢？首先要找到一些特殊的点，如以前学习三角函数图形时五点作图法一样，选取重要的特殊的五个点来对图形进行大致描绘；再如，二次函数的图形是抛物线，那顶点及两边的对称点都可以看作是特殊点，所以对于其他函数，我们也试图先找到这类特殊点．

这时导数就隆重出场啦！以我们很熟悉的抛物线为例，顶点处的切线是水平的，根据导数的定义，可知此处导数为 0，可见导数为 0 的点应该比较特殊．而抛物线开口可以向上，也可以向下，即顶点处可能是小山峰，可能是个小山谷，也可能是驻足停留的一个小平台．总之，这个位置高度在 x 处既不增大也不减小，我们称这样的点为"驻点"，即导数等于 0 的点是驻点．

怎么样，明白了吗？让我们通过下面的漫画（图3-20）再加深一下印象吧！

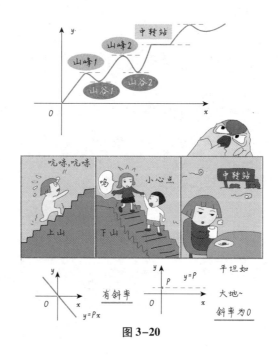

图 3-20

一般来讲，描绘函数图形的步骤如下：
（1）确定函数的定义域，讨论其对称性及周期性；
（2）确定函数的单调性和极值；
（3）确定函数的凹凸性和拐点；
（4）确定函数与坐标轴的交点；
（5）作图描绘．

接下来，我们分别学习函数相关性质的具体判断方法.

1. 函数单调性

定理（函数单调性的判定法）设函数 $y = f(x)$ 在 $[a, b]$ 上连续，在 (a, b) 内可导.

（1）如果在 (a, b) 内 $f'(x) > 0$，那么函数 $y = f(x)$ 在 $[a, b]$ 上单调增加；

（2）如果在 (a, b) 内 $f'(x) < 0$，那么函数 $y = f(x)$ 在 $[a, b]$ 上单调减小.

其中，区间 $[a, b]$ 叫作单调区间.（图 3-21）

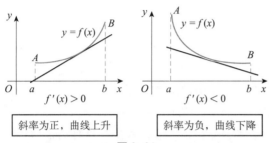

图 3-21

3-10 函数的单调性与极值

这个定理说明了可以利用导数的符号来判定函数的增减性. 其中使函数 $f(x)$ 的一阶导数等于零的点称为驻点. 讨论函数增减性的具体步骤如下：

（1）确定函数 $f(x)$ 的定义域.

（2）找出 $f'(x)$ 不存在的点及 $f(x)$ 的驻点.

（3）上述点将定义域分为若干个开区间.

（4）判断每个开区间内 $f'(x)$ 的符号，即可确定 $f(x)$ 在该区间的单调性.

例 43 确定函数 $f(x) = 2x^3 - 9x^2 + 12x - 3$ 的单调区间.

解：$\because$ 定义域：$x \in (-\infty, +\infty)$.
$$f'(x) = 6x^2 - 18x + 12 = 6(x - 1)(x - 2)$$
解方程 $f'(x) = 0$ 得，$x_1 = 1$，$x_2 = 2$.

当 $-\infty < x < 1$ 时，$f'(x) > 0$，$\therefore$ 在 $(-\infty, 1]$ 上单调增加；

当 $1 < x < 2$ 时，$f'(x) < 0$，$\therefore$ 在 $[1, 2]$ 上单调减小；

当 $2 < x < +\infty$ 时，$f'(x) > 0$，$\therefore$ 在 $[2, +\infty)$ 上单调增加；

单调区间为 $(-\infty, 1]$，$[1, 2]$，$[2, +\infty)$.

例 44 $y = \sin x$ 在 $\left(-\dfrac{\pi}{2}, \dfrac{\pi}{2}\right)$ 内单调增加.

这是因为对任意的 $x \in \left(-\dfrac{\pi}{2}, \dfrac{\pi}{2}\right)$，有 $(\sin x)' = \cos x > 0$.

例 45 讨论函数 $y = \sqrt[3]{x^2}$ 的单调性.

解：函数的定义域为 $(-\infty, +\infty)$，当 $x \neq 0$ 时，$y' = \dfrac{2}{3\sqrt[3]{x}}$；当 $x = 0$ 时，函数的导数不存在. 而当 $x > 0$ 时，$y' > 0$；当 $x < 0$ 时，$y' < 0$，故函数在 $(-\infty, 0)$ 内单调减小，在 $(0, +\infty)$ 内单调增加.（图 3-22）

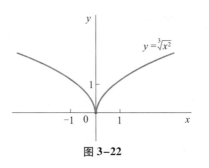

图 3-22

2. 函数极值

定义：设函数 $f(x)$ 在点 x_0 的某一邻域内有定义，如果对于该邻域内任一点 $x\ (x \neq x_0)$，有

（1）若 $f(x) < f(x_0)$，则称 $f(x_0)$ 为函数的极大值；

（2）若 $f(x) > f(x_0)$，则称 $f(x_0)$ 为函数的极小值.

函数的极大值与极小值统称为函数的极值，取得极值的点称为极值点.

注：函数的极值是一个局部概念，因此，一个定义在 $[a, b]$ 上的函数在 $[a, b]$ 上可以有许多极值.

需要说明的是，对同一个函数来说，有时它在某一点的极大值可能会小于另一点的极小值. 如图 3-23 所示，虽然 $f(x_1)$ 是函数的极大值，$f(x_4)$ 是极小值，但是 $f(x_1) < f(x_4)$.

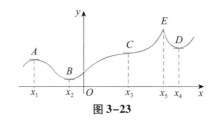

图 3-23

极值的判定法：

定理（极值存在的必要条件）设函数 $f(x)$ 在 x_0 处可导，且在 x_0 处取得极值，则必有 $f'(x_0) = 0$.

使函数 $f(x)$ 的一阶导数等于零的点称为驻点，则可导函数 $f(x)$ 的极值点必是驻点，但驻点不一定是极值点.

定理（极值存在的第一充分条件）设函数 $f(x)$ 在 x_0 处连续，且在 x_0 的某去心邻域 $(x_0 - \delta, x_0 + \delta)$ 内可导（$f'(x_0)$ 可以不存在），则

（1）若 $x < x_0$ 时 $f'(x) > 0$，当 $x > x_0$ 时 $f'(x) < 0$，则函数 $f(x)$ 在 x_0 处取得极大值；

（2）若 $x < x_0$ 时 $f'(x) < 0$，当 $x > x_0$ 时 $f'(x) > 0$，则函数 $f(x)$ 在 x_0 处取得极小值；

（3）若在 x_0 的两侧时，$f'(x)$ 的符号保持不变，则函数 $f(x)$ 在 x_0 处没有极值.

求极值的具体步骤如下：

（1）求导数 $f'(x)$.

（2）求驻点，即方程 $f'(x)=0$ 的根及导数不存在的点.

（3）检查 $f'(x)$ 在驻点左右的正负号，判断极值点.

（4）求极值.

例 46 判断函数 $f(x)=x^3-x^2-x+1$ 的单调性和极值.

函数的定义域为 $(-\infty,+\infty)$，$f'(x)=3x^2-2x-1=(3x+1)(x-1)$.

令 $f'(x)=0$，得 $x_1=-\dfrac{1}{3}$，$x_2=1$ 两个驻点，列表分析，见表 3-2.

表 3-2

x	$\left(-\infty,-\dfrac{1}{3}\right)$	$-\dfrac{1}{3}$	$\left(-\dfrac{1}{3},1\right)$	1	$(1,+\infty)$
$f'(x)$	+	0	−	0	+
$f(x)$	↗	极大值 $\dfrac{32}{27}$	↘	极小值 0	↗

 整理一下这种方法，就是利用一阶导数来列表判断，稍微有点儿麻烦. 有没有更简单一点的方法呢？其实也可以借助于二阶导数，相关定理如下.

定理（函数极值判定方法） 设函数 $f(x)$ 在点 x_0 处具有二阶导数且 $f'(x_0)=0$，$f''(x_0)\neq0$，则

（1）如果 $f''(x_0)<0$，则 $f(x)$ 在点 x_0 处取得极大值；

（2）如果 $f''(x_0)>0$，则 $f(x)$ 在点 x_0 处取得极小值.

注意：用二阶导数判断时，若二阶导数等于 0，还是得用一阶导数列表法，不过这个概率极小.

接例 46，由于 $f''(x)=6x-2$，显然 $f''\left(-\dfrac{1}{3}\right)=-4<0$，$f''(1)=4>0$，故在 $x=-\dfrac{1}{3}$ 处取得极大值，在 $x=1$ 处取得极小值.

 相对来讲，还是利用二阶导数判断起来更简单. 函数递增时是怎么个增法？凹增还是凸增？这可是一个新问题，我们接下来就讨论一下函数的凹凸性.（图 3-24）

3. 函数的凹凸性

定理（函数凹凸性和拐点） 设函数 $y=f(x)$ 在开区间 (a,b) 内具有二阶导数，

（1）若在 (a,b) 内，$f''(x)>0$ 则曲线 $y=f(x)$ 在 (a,b) 内是

2-11 凹凸性与拐点

凹的；

（2）若在 (a, b) 内，$f''(x) < 0$ 则曲线 $y = f(x)$ 在 (a, b) 内是凸的.（图 3-24）

图 3-24

若某一点是曲线凹和凸的分界点，则称该点为曲线的拐点，拐点处 $f''(x) = 0$，反之未必成立.

对于例 46，$f''(x) = 6x - 2$，显然，当 $x > \dfrac{1}{3}$ 时 $f''(x) > 0$，曲线是凹的，当 $x < \dfrac{1}{3}$ 时 $f''(x) < 0$，曲线是凸的，因此曲线的拐点为 $\left(\dfrac{1}{3}, \dfrac{16}{27}\right)$.

例 47 判断函数 $f(x) = x^3 - x^2 - x + 1$ 的凹凸性和拐点.

解： 函数的定义域为 $(-\infty, +\infty)$，$f'(x) = 3x^2 - 2x - 1$，$f''(x) = 6x - 2$.

令 $f''(x) = 0$，得 $x = \dfrac{1}{3}$，列表格分析，见表 3-3.

表 3-3

x	$\left(-\infty, \dfrac{1}{3}\right)$	$\dfrac{1}{3}$	$\left(\dfrac{1}{3}, +\infty\right)$
$f''(x)$	−	0	+
$f(x)$	∩	拐点	∪

若要大致画出函数图形，则需讨论.

$$f'(x) = 3x^2 - 2x - 1 = (3x + 1)(x - 1)$$

令 $f'(x) = 0$　解得 $x = -\dfrac{1}{3}$，$x = 1$；

令 $f''(x) = 0$　解得 $x = \dfrac{1}{3}$.

所以列表讨论分析，见表 3-4.

表 3-4

x	$\left(-\infty, -\dfrac{1}{3}\right)$	$-\dfrac{1}{3}$	$\left(-\dfrac{1}{3}, \dfrac{1}{3}\right)$	$\dfrac{1}{3}$	$\left(\dfrac{1}{3}, 1\right)$	1	$(1, +\infty)$
$f'(x)$	+	0	−	−	−	0	+
$f''(x)$	−	−	−	0	+	+	+
$f(x)$	↗	极大	↘	拐点	↘	极小	↗

在极值点 $x = \dfrac{1}{3}$，$x = -\dfrac{1}{3}$，$x = 1$ 处，

$$f(1) = 1 - 1 - 1 + 1 = 0$$

$$f\left(-\dfrac{1}{3}\right) = \dfrac{32}{27}$$

$$f\left(\dfrac{1}{3}\right) = \dfrac{16}{27}$$

$\therefore$ 求得函数 $f(x)$ 图形上的三个点 $\left(-\dfrac{1}{3}, \dfrac{32}{27}\right)$，$\left(\dfrac{1}{3}, \dfrac{16}{27}\right)$，$(1, 0)$．同理可求

出 $f(-1)=0$，即曲线与 x 轴交点为 $(-1, 0)$，图形如图 3-25 所示．

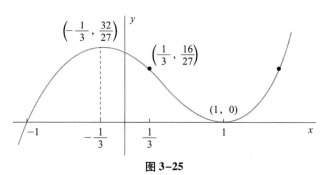

图 3-25

3.4.3　曲线的曲率

1. 曲率的定义

直觉与经验告诉我们：直线没有弯曲，圆周上每一处的弯曲程度是相同的，半径较小的圆弯曲得较半径较大的圆要厉害些，抛物线在顶点附近弯曲得比其他位置厉害些．

何为弯曲得厉害些？即，用怎样的数学量来刻画曲线弯曲的程度呢？让我们先弄清曲线的弯曲与哪些因素有关．

由图 3-26 可看出：

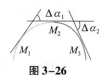

图 3-26

弧 $\overset{\frown}{M_2M_3}$ 较弧 $\overset{\frown}{M_1M_2}$ 弯曲得厉害．

动点从 M_1 沿弧线移动到 M_2 时，其切线转过的角度（转角）为 $\Delta\alpha_1$；当从 M_2 移动到 M_3 时，其切线的转角为 $\Delta\alpha_2$．显然 $\Delta\alpha_1 < \Delta\alpha_2$．

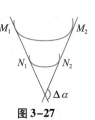

图 3-27

结语：曲线的弯曲程度与切线的转角有关．

由图 3-27，可以发现：

弧 $\overset{\frown}{M_1M_2}$ 与弧 $\overset{\frown}{N_1N_2}$ 的转角相同；

短弧 $\overset{\frown}{N_1N_2}$ 较长弧 $\overset{\frown}{M_1M_2}$ 弯曲得厉害．

结语：曲线弧段的弯曲程度与弧段的长度有关．

下面，我们给出刻画曲线弯曲程度的数学量——曲率的定义．

设曲线 C 具有连续转动的切线，在 C 上选定一点 M_0 作为度量弧的基点．

设曲线 C 上的点 M 对应于弧 s，切线的倾角为 α，曲线上的另一点 M' 对应于弧 $s + \Delta s$，切线的倾角为 $\alpha + \Delta\alpha$．那么，弧段 $\overset{\frown}{MM'}$ 的长度为 $|\Delta s|$，当切点从点 M 移到点 M' 时，切线转过的角度为 $|\Delta\alpha|$．（图 3-28）

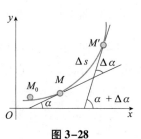

图 3-28

比值 $\left| \dfrac{\Delta \alpha}{\Delta s} \right|$ 表示单位弧段上的切线转角，刻画了弧 $\overset{\frown}{MM'}$ 的平均弯曲程度. 称它为弧段 $\overset{\frown}{MM'}$ 的平均曲率，记作 $\bar{k}$.

$$\bar{k} = \left| \frac{\Delta \alpha}{\Delta s} \right|$$

当 $\Delta s \to 0$ 时（即 $M' \to M$），上述平均曲率的极限就称为曲线在点 M 处的曲率，记作 k.

$$k = \lim_{\Delta s \to 0} \left| \frac{\Delta \alpha}{\Delta s} \right|$$

当 $k = \lim\limits_{\Delta s \to 0} \dfrac{\Delta \alpha}{\Delta s} = \dfrac{\mathrm{d}\alpha}{\mathrm{d}s}$ 存在时，有 $k = \lim\limits_{\Delta s \to 0} \left| \dfrac{\Delta \alpha}{\Delta s} \right| = \left| \dfrac{\mathrm{d}\alpha}{\mathrm{d}s} \right|$.

由上述定义知，曲率是一个局部概念，描述曲线的弯曲应该具体地指出是曲线在哪一点处的弯曲，这样才准确.

曲率计算公式：

$$k = \left| \frac{\mathrm{d}\alpha}{\mathrm{d}x} \right| = \frac{|y''|}{\left[1 + (y')^2 \right]^{\frac{3}{2}}}$$

假设曲线方程是参数方程 $\begin{cases} x = \varphi(t) \\ y = \Psi(t) \end{cases}$，则

$$k = \frac{|\Psi''(t)\varphi'(t) - \varphi''(t)\Psi'(t)|}{\left[(\varphi'(t))^2 + (\Psi'(t))^2 \right]^{\frac{3}{2}}}$$

例 48 求抛物线 $y = x^3$ 上任一点的曲率.

解： $y' = 3x^2$，$y'' = 6x$，$k = \dfrac{6 \cdot |x|}{(1 + 9x^4)^{\frac{3}{2}}}$.

2. 曲率圆与曲率半径

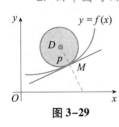

图 3-29

设曲线 $y = f(x)$ 在 $M(x, y)$ 处的曲率为 $k(k \neq 0)$，在点 M 处的曲线的法线上，在曲线凹的一侧取一点 D，使 $|DM| = \dfrac{1}{k} = \rho$，以 D 为圆心，以 ρ 为半径作圆. 称此圆为曲线在点 M 处的曲率圆，称 D 为曲线在点 M 处的曲率中心，称 ρ 为曲线在点 M 处的曲率半径.

依据上述定义可以推得：

（1）曲率与曲率半径的关系为 $\rho = \dfrac{1}{k}$.

（2）曲线与它的曲率圆在同一点处有相同的切线、曲率、凹向. 因此，可用曲率圆在点处的一段圆弧来近似地替代曲线弧.

3-12 曲率之
实例讲解

3.4.4 最值问题

大家一定想还有没有更实际的应用问题呢？（图 3-30）

图 3-30

3-13 最值之实例讲解

在工农业生产、工程技术研究及科学实验中经常会遇到这样一些实际问题：在一定条件下，怎样才能使"产品最多""用料最省""成本最低""效益最高"等问题得到解决？这类问题常常可归结为求某函数的最大值或最小值，可以利用导数来求解.

我们知道在闭区间上连续的函数一定有最大值和最小值，这在理论上肯定了最值的存在性，但是怎么求出函数的最值呢？首先假设函数的最大（小）值在开区间 (a, b) 内取得，那么最大（小）值也一定是函数的极大（小）值，由前面的分析知道，使函数取得极值的点一定是函数的驻点或导数不存在的点. 另外，函数的最值也可能在区间端点上取得. 因此，只需把函数的驻点、导数不存在的点及区间端点的函数值一一算出，并加以比较，便可求得函数的最值.

求连续函数 $f(x)$ 在闭区间 $[a, b]$ 上最大（小）值的一般步骤是：

（1）求出 $f(x)$ 在 (a, b) 内的全部的驻点与不可导点 $x_1, x_2, \cdots, x_n$.

（2）计算出函数值 $f(x_1), f(x_2), \cdots, f(x_n)$，以及 $f(a)$ 与 $f(b)$.

（3）比较上述值的大小.

例 49 求函数 $f(x) = x^5 - 5x^4 + 5x^3 + 1$ 在 $[-1, 2]$ 上的最值.

解： 因为 $f(x)$ 在 $[-3, 4]$ 上连续，所以在该区间上存在最大和最小值.

又因为 $f'(x) = 5x^4 - 20x^3 + 15x^2 = 5x^2(x - 1)(x - 3)$，

令 $f'(x) = 0$，得驻点 $x_1 = 0, x_2 = 1, x_3 = 3(\text{舍})$.

由于 $f(-1)=-10, f(0)=1, f(1)=2, f(2)=-7$.

比较各值，可得 $f(x)$ 最大值为 2，最小值为 -10.

例50 用一块边长为 24cm 的正方形铁皮，在其四角各截去一块面积相等的小正方形，做成无盖的铁盒. 问截去的小正方形边长为多少时，做出的铁盒容积最大？

解： 设截去的小正方形的边长为 $x\,\mathrm{cm}$，铁盒的容积为 $V\,\mathrm{cm}^3$. 根据题意，得

$$V = x(24-2x)^2 \quad (0 < x < 12).$$

于是，问题归结为：求 x 为何值时，函数 V 在区间 $(0, 12)$ 内取得最大值？

$$V' = (24-2x)^2 + x \cdot 2(24-2x)(-2)$$
$$= (24-2x)(24-6x) = 12(12-x)(4-x).$$

令 $V'=0$，解得 $x_1=12$（舍），$x_2=4$.

因此，在区间 $(0, 12)$ 内函数只有一个驻点 $x=4$，又由问题的实际意义可知，函数 V 的最大值在 $(0, 12)$ 内取得. 所以，当 $x=4$ 时，函数 V 取得最大值. 即当所截去的正方形边长为 4cm 时，铁盒的容积为最大.

技巧点拨

掌握导数应用问题的秘籍：

(1) 助力数学问题解决.

● 洛必达法则；

● 单调性、极值、凹凸性.

(2) 挖掘现实生活中的案例.

● 生活中的曲线弧；

● 经济中的最值问题；

● 实际问题细微化（微分）.

能力操练 3.4.4

1. 求下列函数的单调区间和极值.

(1) $f(x) = 3x^2 - 6x + 100$

(2) $f(x) = x^3 - 3x^2 - 24x - 1$

(3) $y = x^4 - 2x^2 - 5$；

(4) $y = 2x^2 - \ln x$；

(5) $y = x - \ln(1+x)$；

(6) $y = \dfrac{x^2}{1+x}$；

(7) $y = x^3 - 3x$；

(8) $y = 3x^4 - 8x^3 + 6x^2$.

2. 求曲线的凹凸区间和拐点.

(1) $y = x^3 - 6x^2 - x + 5$

(2) $y = x^4 - x^3 - 9x^2 + 10$

(3) $y = (x+1)^4 + e^x$；

(4) $y = \ln(x^2 + 1)$；

(5) $y = x + \dfrac{1}{x}$；

(6) $y = x^4 - 4x^2 + 1$.

3. 求曲线的曲率.

（1）$xy = 1$，点 A $(1, 1)$；

（2）$\begin{cases} x = a(t - \sin t) \\ y = a(1 - \cos t) \end{cases}$，$t = \pi/3$.

4. 画出函数的大致图形.

（1）$f(x) = x^3 - 3x^2 - 24x - 1$；

（2）$f(x) = x^4 - 2x^2$.

5. 求函数的最值.

（1）$f(x) = \dfrac{1}{3}x^3 - 4x + 4$，$[-3, 3]$；

（2）$y = (x^2 - 1)^3 + 1$，$[-2, 3]$；

（3）$f(x) = x^2 - 4x - 6$，$x \in [-3, 10]$；

（4）$f(x) = x + \cos x$，$x \in [0, \pi]$.

6. 最大值与最小值应用问题.

（1）某工厂要靠墙壁用石条沿围成一块长方形场地，现只有够砌 36m 长的石条沿，问应围成怎样的长方形才能使长方形的场地面积最大？并求出场地最大面积？

（2）欲用长 6m 的木料加工一日字形的窗框，问它的长和宽各为多少时，才能使窗框的面积最大？最大的面积是多少？

（3）要制作一个底面为长方形的带盖的箱子，其体积为 72cm^3，底边的长和宽成 $2:1$ 的关系，问各边长为多少时，才能使表面积最小？

（4）要制作一圆柱形容器（有盖），体积为 V，问底面半径 r 和高 h 等于多少时，才能使表面积最小？这时底面直径与高的比是多少？

（5）铁路线上 AB 段的距离为 100km. 工厂 C 距 A 处为 20km，AC 垂直于 AB. 为了运输需要，要在 AB 上选定一点 D 向工厂修筑一条公路. 已知铁路每公里货运的费用与公路上每公里货运的运费之比为 $3:5$，为了使货物从供应站 B 运到工厂 C 的运费最省，问 D 点应选在何处？

第四部分　学力训练

4.1　单元基础过关检测

一、填空题

1. 设 $f'(x_0)$ 存在，若 $\lim\limits_{\Delta x \to 0} \dfrac{f(x_0 - \Delta x) - f(x_0)}{\Delta x} = A$，则 $A = $ _____．

2. 若 $\lim\limits_{x \to 0} \dfrac{f(x)}{x} = A$，其中 $f(0) = 0$，且 $f'(0)$ 存在，则 $A = $ _____．

3. 设 $f'(x_0)$ 存在，若 $\lim\limits_{\Delta x \to 0} \dfrac{f(x_0 + 2\Delta x) - f(x_0)}{\Delta x} = A$，则 $A = $ _____．

4. 曲线 $y = \mathrm{e}^x$ 在点 $(0, 1)$ 处的切线方程为 _____．

5. 曲线 $y = \sin x$ 在 $x = \dfrac{2\pi}{3}$ 处的切线斜率 $k = $ _____．

6. $\lim\limits_{x\to+\infty}\dfrac{e^x+\sin x}{e^x-\cos x}=$ _____ .

7. 函数 $y=(x-1)(x+1)^3$ 单调增加的区间是 _____ .

8. 函数 $f(x)=e^{-x}+x$ 在区间 $[-1,1]$ 上的最大值是 _____ ，最小值是 _____ .

二、选择题

9. 设函数 $y=\cos\omega x$（ω 为常数），则 $y'=$（　　）.

A. $\omega\sin\omega x$ B. $-\sin\omega x$

C. $-\omega\sin\omega x$ D. $\sin\omega x$

10. 若 $y=e^{-x^2}$，则 $y'=$（　　）.

A. e^{-x^2} B. $-e^{-x^2}$

C. $2xe^{-x^2}$ D. $-2xe^{-x^2}$

11. 若曲线 $f(x)=3x^2-3x-17$ 上点 M 处的切线斜率是 15，则点 M 的坐标为（　　）.

A. $(3,15)$ B. $(3,1)$

C. $(-3,15)$ D. $(-3,1)$

12. 函数在某点不可导，函数所表示的曲线在相应点的切线（　　）.

A. 一定不存在   B. 不一定存在

C. 一定存在   D. 一定平行于 y 轴

13. 过点 $(1,3)$ 且切线斜率为 $2x$ 的曲线方程 $y=f(x)$ 应满足的关系式是（　　）.

A. $y'=2x$ B. $y''=2x$

C. $y'=2x,\ f(1)=3$ D. $y''=2x,\ f(1)=3$

14. 设函数 $f(x)$ 为偶函数，且在 $x=0$ 处可导，则 $f'(0)=$（　　）.

A. 1   B. -1

C. 0   D. 因 $f(x)$ 不同而得到不同的值

15. 设 $y=\ln|x|$，则 $y'=$（　　）.

A. $\dfrac{1}{x}$ B. $-\dfrac{1}{x}$

C. $\dfrac{1}{|x|}$ D. $-\dfrac{1}{|x|}$

16. 设函数 $f(x)=x^3+3ax^2+3bx+c$ 在 $x=1$ 处取极大值，在 $x=2$ 处取极小值，则（　　）.

A. $a=\dfrac{3}{2},\ b=2$ B. $a=-\dfrac{3}{2},\ b=2$

C. $a=\dfrac{3}{2},\ b=-2$ D. $a=-\dfrac{3}{2},\ b=-2$

17. 函数 $y = x - \ln(1 + x)$ 的单调减小区间是（　　）.

A. $(-1, +\infty)$ B. $(-1, 0)$

C. $(0, +\infty)$ D. $(-\infty, -1)$

18. 设曲线 $y = e^{-x}$，那么在区间 $(-1, 0)$ 和 $(0, 1)$ 内，曲线分别为（　　）.

A. 凸的、凸的   B. 凸的、凹的

C. 凹的、凸的   D. 凹的、凹的

三、解答题

19. 求下列函数的导数.

（1）$y = xe^x \ln x$；　　　　　　（2）$y = \arcsin \dfrac{x}{2}$；

（3）$y = \ln^2 x$；　　　　　　　　（4）$y = \ln(a^2 - x^2)$；

（5）$y = e^{-x^2}$；　　　　　　　　（6）$y = \cos(x^2 + 1)$.

20. 求下列方程所确定的隐含数的 y 导数 $\dfrac{dy}{dx}$.

（1）$x^3 + y^3 - 3axy = 0$；　　　（2）$y = 1 - xe^y$.

21. 求下列函数的二阶导数 $\dfrac{d^2 y}{dx^2}$.

（1）$y = \ln(1 - x^2)$　　　　　　（2）$y = e^{-x} \sin x$.

22. 用洛必达法则求下列函数的极限.

（1）$\lim\limits_{x \to 0} \dfrac{1 - \cos x^2}{x^2 \sin x^2}$；　　　（2）$\lim\limits_{x \to 0} \dfrac{\tan x - x}{x^2 \sin x}$.

23. 求下列函数的单调区间和极值.

（1）$y = x^4 - 2x^2 - 5$；　　　　（2）$y = 2x^2 - \ln x$.

24. 求下列曲线的拐点和凹凸区间.

$y = x^4 - 6x^3 + 12x^2 - 10$.

25. 求下列函数的最大值和最小值.

（1）$f(x) = 2x^3 + 3x^2 - 12x + 14$，$x \in [-3, 4]$；

（2）$f(x) = x^4 - 8x^2 + 2$，$x \in [-1, 3]$.

4.2　单元拓展探究练习

1. 输电干线上 AB 段的距离为 6km，C 生产队距 A 处 2km，AC 垂直于 AB，D 生产队距 B 处 3km，DB 垂直于 AB，如图 3-31 所示. 现要在输电干线 AB 上选一点 P 设一台变压器供两个生产队使用，问 P 点选在何处使得所需输电线最短？

2. 从一边长为 12cm 的正方形薄铁板的四个角各剪去一个小正方形，制作一个无盖的方铁盒，问剪去的小正方形的边长是多少时铁盒的容积最大？最大的容积是多少？

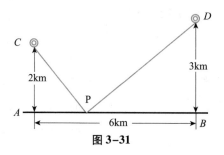

图 3-31

第五部分 服务驿站

5.1 软件服务——导数的计算

5.1.1 实验目的

（1）熟练掌握在 Matlab 环境下初等函数的求导方法；

（2）掌握在 Matlab 环境下隐函数、由参数方程所确定的函数的求导方法.

5.1.2 实验过程

1. 初等函数的求导方法

求初等函数导数的命令：

diff（f） 对默认自由变量 x 求一阶导数；

diff（f,′x′, 2） 对符号变量 x 求二阶导数.

例 51 已知 $f(x) = \dfrac{1}{\sqrt{1-x^2}}$，求 $f(x)$ 的一阶导数和二阶导数.

实验操作：

f = sym（′1（1−x^2）^1/2）

f = 1／（1−x^2）^1/2

diff（f） %求一阶段导数

ans = 1／（1 = x^2）^2 ∗ x

diff（f, 2） %求二阶段导数

ans = 4／（1−x^2）^3 ∗ x^2+1／（1−x^2）

2. 隐函数的求导方法

由方程 $F(x, y) = 0$ 所确定的函数 y 叫作隐函数，Matlab 中求隐函数导数的命令如下：

−diff（F,′x′）／diff（F,′y′） 由方程 $F(x, y) = 0$ 求 $\dfrac{\mathrm{d}y}{\mathrm{d}x}$.

例 52 求由方程 $xy = \mathrm{e}^{x+y}$ 所确定的隐函数 y 的导数 $\dfrac{\mathrm{d}y}{\mathrm{d}x}$.

实验操作：

F = sym（'x∗y−exp（x+y）'）

−diff（F,'x'）/diff（F,'y'）　%求$\frac{dy}{dx}$

ans = y∗（x−1）/x/（1−y）

3. 由参数方程所确定的函数的求导方法

若参数方程为 $\begin{cases} x = f(t) \\ y = g(t) \end{cases}$，用 Matlab 求 $\frac{dy}{dx}$ 的命令如下：

diff（g,'t'）/diff（f,'t'）.

例 53　求由参数方程 $\begin{cases} x = t(1 - \sin t) \\ y = t\cos t \end{cases}$ 所确定的函数 y 的导数 $\frac{dy}{dx}$.

实验操作：

f = sym（t∗（1−sin（t））'）

g = sym（t∗cos（t）'）

diff（g, t'）/diff（f, t'）　%求$\frac{dy}{dx}$

ans =（cos（t）−t∗sin（t））/（1−sin（t）−t∗cos（t））

5.1.3　实验任务

（1）求 $f(x) = (x + 2)^3$ 的一阶导数和二阶导数；

（2）求 $f(x) = \ln(x + \sqrt{1 - x^2})$ 的一阶导数、二阶导数和三阶导数；

（3）求由方程 $xy + \ln y = 1$ 所确定的隐函数 y 的导数 $\frac{dy}{dx}$；

（4）求由参数方程 $\begin{cases} x = \cos t - \sin t \\ y = t\sin t \end{cases}$ 所确定的函数 y 的导数 $\frac{dy}{dx}$.

5.2　基础建模服务

例 54　如图 3−32 所示，有一块半径为 R 的半圆形空地，开发商计划征地建一个矩形游泳池 $ABCD$ 和其附属设施，附属设施占地形状是等腰 ΔCDE，其中 O 为圆心，A，B 在圆的直径上，C，D，E 在圆周上.

（1）设 $\angle BOC = \theta$，征地面积记为 $f(\theta)$，求 $f(\theta)$ 的表达式；

（2）当 θ 为何值时，征地面积最大？

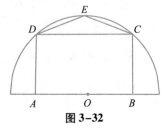

图 3−32

解：（1）连接 OE，可得 $OE = R$，$OB = R\cos\theta$，$BC = R\sin\theta$，$\theta \in \left(0, \dfrac{\pi}{2}\right)$.

$\therefore f(\theta) = 2S_{\text{梯形}OBCE} = R^2(\sin\theta\cos\theta + \cos\theta)$.

（2）$f'(\theta) = -R^2(2\sin\theta - 1)(\sin\theta + 1)$.

令 $f'(\theta) = 0$，得 $\sin\theta + 1 = 0$（舍）或者 $\sin\theta = \dfrac{1}{2}$，$\theta \in \left(0, \dfrac{\pi}{2}\right)$.

当 $\theta \in \left(0, \dfrac{\pi}{6}\right)$，$f'(\theta) > 0$，$\theta \in \left(\dfrac{\pi}{6}, \dfrac{\pi}{2}\right)$，$f'(\theta) < 0$.

$\therefore \theta = \dfrac{\pi}{6}$ 时，$f(\theta)$ 取得最大值.

答：$\theta = \dfrac{\pi}{6}$ 时，征地面积最大.

例55 交管部门遵循公交优先的原则，在某路段开设了一条仅供车身长为 10m 的公共汽车行驶的专用车道. 据交管部门收集的大量数据并分析发现，该车道上行驶着的前、后两辆公共汽车间的安全距离 d（m）与车速 v（km/h）之间满足二次函数关系 $d = f(v)$. 现已知车速为 15km/h 时，安全距离为 8m；车速为 45km/h 时，安全距离为 38m；出现堵车状况时，两车安全距离为 2m.

（1）试确定 d 关于 v 的函数关系 $d = f(v)$；

（2）车速 v（km/h）为多少时，单位时段内通过这条车道的公共汽车数量最多？最多是多少辆？

解：（1）由题设可令所求函数为 $f(v) = av^2 + bv + c$.

由题意得 $v = 0$ 时，$d = 2$；$v = 15$ 时，$d = 8$；$v = 45$ 时，$d = 38$.

则 $\begin{cases} c = 2 \\ a \times 15^2 + 15b + c = 8 \\ a \times 45^2 + 45b + c = 38 \end{cases}$.

所以 d 关于 v 的函数关系为 $d = \dfrac{1}{75}v^2 + \dfrac{1}{5}v + 2$ （$v \geqslant 0$）.

（2）两车间的距离为 d（m），则一辆车占去的道路长为 $d + 10$（m）.

设 1 小时内通过该车道的公共汽车数量为 y 辆，则

$$y = \dfrac{1000v}{\dfrac{v^2}{75} + \dfrac{v}{5} + 12}.$$

由 $y' = \dfrac{1000\left(-\dfrac{v^2}{75} + 12\right)}{\left(\dfrac{v^2}{75} + \dfrac{v}{5} + 12\right)^2} = 0$，解得 $v = 30$.

当 $0 < v < 30$ 时，$y' > 0$；当 $v > 30$ 时，$y' < 0$.

于是函数 $y = \dfrac{1000v}{\dfrac{v^2}{75} + \dfrac{v}{5} + 12}$ 在区间 $(0, 30)$ 上递增，在区间 $(30, +\infty)$ 上

递减，因此 $v=30$ 时函数取最大值 $y=1000$.

答：汽车车速定为 30km/h 时，每小时通过这条专用车道的公共汽车数量最多，能通过 1000 辆公共汽车.

例 56 某地政府为科技兴市，欲在如图 3-33 所示的矩形 $ABCD$ 的非农业用地中规划出一个高科技工业园区（如图中阴影部分），形状为直角梯形 $QPRE$（线段 EQ 和 RP 为两个底边），已知 $AB=2$km，$BC=6$km，$AE=BF=4$km，其中 AF 是以 A 为顶点、AD 为对称轴的抛物线段. 试求该高科技工业园区的最大面积.

解：以 A 为原点，AB 所在直线为 x 轴建立直角坐标系，则 $A(0, 0)$，$F(2, 4)$.

由题意可设抛物线段所在抛物线的方程为 $y=ax^2(a>0)$，由 $4=a \times 2^2$ 得，$a=1$.

$\therefore AF$ 所在抛物线的方程为 $y=x^2$. 又 $E(0, 4)$，$C(2, 6)$，
$\therefore EC$ 所在直线的方程为 $y=x+4$.

设 $P(x, x^2)(0<x<2)$，则
$$PQ=x, \quad QE=4-x^2, \quad PR=4+x-x^2.$$

$\therefore$ 工业园区的面积 $S=\dfrac{1}{2}(4-x^2+4+x-x^2) \cdot x=-x^3+\dfrac{1}{2}x^2+4x \ (0<x<2)$.

$\therefore S'=-3x^2+x+4$，令 $S'=0$，得 $x=\dfrac{4}{3}$ 或 $x=-1$（舍去负值）. 当 x 变化时，S' 和 S 的变化情况见表 3-5.

表 3-5

x	$\left(0, \dfrac{4}{3}\right)$	$\dfrac{4}{3}$	$\left(\dfrac{4}{3}, 2\right)$
S'	+	0	-
S	↑	极大值 $\dfrac{104}{27}$	↓

由表 3-5 可知，当 $x=\dfrac{4}{3}$ 时，S 取得最大值 $\dfrac{104}{27}$.

答：该高科技工业园区的最大面积为 $\dfrac{104}{27}$ km².

5.3 重要技能备忘录

将本单元中的典型问题、公式及方法归纳于表中，见表 3-6.

3-14 导数及应用小结

表 3-6

新编高等应用数学基础

典型问题	公式及方法
基本初等函数的求导公式	(1) $(C)' = 0$; (2) $(x^{\mu})' = \mu x^{\mu-1}$; (3) $(a^x)' = a^x \ln a$; (4) $(e^x)' = e^x$; (5) $(\log_a x)' = \dfrac{1}{x \ln a}$; (6) $(\ln x)' = \dfrac{1}{x}$; (7) $(\sin x)' = \cos x$; (8) $(\cos x)' = -\sin x$; (9) $(\tan x)' = \sec^2 x$; (10) $(\cot x)' = -\csc^2 x$; (11) $(\sec x)' = \sec x \cdot \tan x$; (12) $(\csc x)' = -\csc x \cdot \cot x$; (13) $(\arcsin x)' = \dfrac{1}{\sqrt{1-x^2}}$; (14) $(\arccos x)' = -\dfrac{1}{\sqrt{1-x^2}}$; (15) $(\arctan x)' = \dfrac{1}{1+x^2}$; (16) $(\text{arccot} x)' = -\dfrac{1}{1+x^2}$
复合函数求导法则	设 $y = f(u)$，而 $u = \varphi(x)$，f 和 u 均可导，则复合函数 $y = f[\varphi(x)]$ 的导数为： $\dfrac{dy}{dx} = \dfrac{dy}{du} \cdot \dfrac{du}{dx}$ 或 $y' = f'(u) \cdot \varphi'(x)$
高阶导数的计算	先求一阶导数，对结果再求导为二阶导数，对结果再求导为三阶导数，以此类推
隐函数求导	对隐函数方程 $F(x, y) = 0$ 两边关于 x 求导即可，注意 y 是 x 的复合函数
对数求导法	适合于含乘、除、乘方、开方的因子所构成的比较复杂的函数. 步骤：(1) 两边取对数；(2) 两边对 x 求导，同样注意 y 是 x 的复合函数
参数方程求导法	参数方程 $\begin{cases} x = \varphi(t) \\ y = \phi(t) \end{cases}$ 确定 y 与 x 间的函数关系，则称此函数关系所表达的函数为由参数方程所确定的函数. 其求导法则是： $\dfrac{dy}{dx} = \dfrac{dy}{dt} \cdot \dfrac{dt}{dx} = \dfrac{dy/dt}{dx/dt} = \dfrac{\phi'(t)}{\varphi'(t)}$
导数的应用 1——洛必达法则求不定型极限	$\dfrac{0}{0}\left(\dfrac{\infty}{\infty}\right)$ 型的洛必达法则： $\lim\limits_{\substack{x\to a \\ (x\to\infty)}} \dfrac{f(x)}{g(x)} = \lim\limits_{\substack{x\to a \\ (x\to\infty)}} \dfrac{f'(x)}{g'(x)}$（满足条件的话可多次使用）
导数的应用 2——判断函数的单调性	在某个区间 (a, b) 内，如果 $f'(x) > 0$，那么函数 $y = f(x)$ 在这个区间内单调递增；如果 $f'(x) < 0$，那么函数 $y = f(x)$ 在这个区间内单调递减
导数的应用 3——求函数的极值	步骤：(1) 求定义域；(2) 求导数 $f'(x)$；(3) 令 $f'(x) = 0$ 求出驻点；(4) 列表或者求 $f''(x)$，计算出极值

典型问题	公式及方法
导数的应用4——求函数的最值	(1) 求 $y = f(x)$ 的全部驻点和不可导点; (2) 求出函数在驻点、不可导点、闭区间端点处(开区间不用求端点)对应的函数值; (3) 比较之后得出函数的最大值和最小值. **注意**:若函数在开区间只有唯一的驻点,则此驻点必为最值点
导数的应用5——判断曲线凹凸性	设函数 $y = f(x)$ 在区间 (a, b) 内具有二阶导数. (1) 如果在 (a, b) 内,$f''(x) > 0$,那么曲线 $y = f(x)$ 在 (a, b) 内是凹的. (2) 如果在 (a, b) 内,$f''(x) < 0$,那么曲线 $y = f(x)$ 在 (a, b) 内是凸的. 拐点:凹的曲线弧与凸的曲线弧的分界点,叫作曲线的拐点.求曲线 $y = f(x)$ 的拐点的步骤: (1) 确定函数 $y = f(x)$ 的定义域;(2) 求 $y'' = f''(x)$;(3) 求出 $f''(x) = 0$ 的点;(4) 列表求拐点
导数的应用6——求曲线的曲率	假设曲线的直角坐标方程为 $y = f(x)$,则 $$K = \left| \frac{\mathrm{d}\theta}{\mathrm{d}s} \right| = \frac{|y''(x)|}{\{1 + [y'(x)]^2\}^{3/2}}$$

"E" 随行

自主检测三

一、选择题

1. 已知函数 $y = f(x) = x^2 + 1$,则在 $x = 2$,$\Delta x = 0.1$ 时,Δy 的值为( ).

A. 0.40　　　　　B. 0.41　　　　　C. 0.43　　　　　D. 0.44

2. 函数 $f(x) = 2x^2 - 1$ 在区间 $(1, 1 + \Delta x)$ 上的平均变化率 $\frac{\Delta y}{\Delta x}$ 等于( ).

A. 4　　　　　B. $4 + 2\Delta x$　　　　　C. $4 + 2(\Delta x)^2$　　　　　D. $4x$

3. 设 $f'(x_0) = 0$,则曲线 $y = f(x)$ 在点 $(x_0, f(x_0))$ 处的切线( ).

A. 不存在　　　　　　　　　　B. 与 x 轴平行或重合

C. 与 x 轴垂直　　　　　　　　D. 与 x 轴相交但不垂直

4. 曲线 $y = -\frac{1}{x}$ 在点 $(1, -1)$ 处的切线方程为( ).

A. $y = x - 2$　　　　　B. $y = x$　　　　　C. $y = x + 2$　　　　　D. $y = -x - 2$

5. 下列点中,在曲线 $y = x^2$ 上,且在该点处的切线倾斜角为 $\frac{\pi}{4}$ 的是( ).

A. $(0, 0)$　　　　　B. $(2, 4)$　　　　　C. $\left(\frac{1}{4}, \frac{1}{16}\right)$　　　　　D. $\left(\frac{1}{2}, \frac{1}{4}\right)$

6. 已知函数 $f(x) = \dfrac{1}{x}$，则 $f'(-3) = ($ $)$.

A. 4   B. $\dfrac{1}{9}$ C. $-\dfrac{1}{4}$ D. $-\dfrac{1}{9}$

7. 函数 $f(x) = (x-3)e^x$ 的单调递增区间是 （   ）.

A. $(-\infty, 2)$ B. $(0, 3)$ C. $(1, 4)$ D. $(2, +\infty)$

8. "函数 $y = f(x)$ 在一点的导数值为 0" 是 "函数 $y = f(x)$ 在这点取极值" 的
（   ）.

A. 充分不必要条件   B. 必要不充分条件
C. 充要条件   D. 既不充分也不必要条件

9. 函数 $f(x)$ 的定义域为开区间 (a, b)，导函数 $f'(x)$ 在 (a, b) 内的图形如图 3-34 所示，则函数 $f(x)$ 在开区间 (a, b) 内的极小值点有 （   ）.

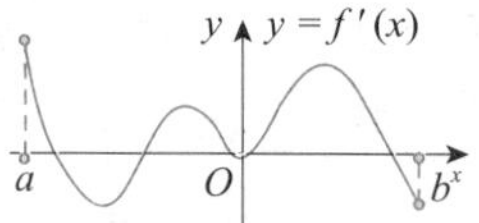

图 3-34

A. 1 个   B. 2 个
C. 3 个   D. 4 个

10. 函数 $f(x) = -x^2 + 4x + 7$，在 $x \in [3, 5]$ 上的最大值和最小值分别是
（   ）.

A. $f(2)$，$f(3)$ B. $f(3)$，$f(5)$ C. $f(2)$，$f(5)$ D. $f(5)$，$f(3)$

11. 函数 $f(x) = x^3 - 3x^2 - 9x + k$ 在区间 $[-4, 4]$ 上的最大值为 10，则其最小值为 （   ）.

A. -10 B. -71 C. -15 D. -22

12. 一点沿直线运动，如果由始点起经过 t 秒运动的距离为 $s = \dfrac{1}{4}t^4 - \dfrac{5}{3}t^3 + 2t^2$，那么速度为零的时刻是 （   ）.

A. 1 秒末   B. 0 秒   C. 4 秒末   D. 0，1，4 秒末

二、填空题

13. 设函数 $y = f(x) = ax^2 + 2x$，若 $f'(1) = 4$，则 $a = $_____.

14. 已知函数 $y = ax^2 + b$ 在点 $(1, 3)$ 处的切线斜率为 2，则 $\dfrac{b}{a} = $_____.

15. 函数 $y = xe^x$ 的最小值为_____.

16. 有一长为 16m 的篱笆，要围成一个矩形场地，则矩形场地的最大面积是_____ m^2.

三、解答题

17. 求下列函数的导数.

（1）$y = 3x^2 + x\cos x$；

（2）$y = \dfrac{x}{1+x}$；   （3）$y = \lg x - e^x$.

18. 已知抛物线 $y = x^2 + 4$ 与直线 $y = x + 10$，求：

（1）它们的交点；

（2）抛物线在交点处的切线方程.

19. 已知函数 $f(x) = \dfrac{1}{3}x^3 - 4x + 4$.

（1）求函数的极值；

（2）求函数在区间 $[-3, 4]$ 上的最大值和最小值.

5.4 拓展服务

英雄出世，谁与争锋——法国最有成就的数学家拉格朗日（Lagrange）

拉格朗日，法国数学家、物理学家及天文学家，1736 年 1 月 25 日出生于意大利西北部的都灵，1755 年 19 岁的他就在都灵的皇家炮兵学校当数学教授；1766 年应德国的普鲁士王腓特烈的邀请去了柏林，不久便成为柏林科学院通信院院士，在那里他居住了长达二十年之久；1786 年，普鲁士王腓特烈逝世后，他应法国国王路易十六之邀，于 1787 年定居巴黎，其间出任法国米制委员会主任，并先后于巴黎高等师范学院及巴黎综合工科学校任数学教授；最后于 1813 年 4 月 10 日在巴黎逝世.

拉格朗日一生的科学研究所涉及的数学领域极其广泛．如：他在探讨"等周问题"的过程中，他用纯分析的方法发展了欧拉所开创的变分法，为变分法奠定了理论基础；他完成的《分析力学》一书，建立起完整和谐的力学体系；他的两篇著名的论文——《关于解数值方程》和《关于方程的代数解法的研究》，总结出一套标准方法，即把方程化为低一次的方程（辅助方程或预解式）以求解，但这并不适用于五次方程；然而他的思想已蕴含着群论思想，这使他成为伽罗瓦建立群论之先导；在数论方面，他也显示出非凡的才能，费马所提出的许多问题都被他一一解答，他还证明了圆周率的无理性，这些研究成果丰富了数论的内容；他的巨著《解析函数论》，在微积分理论基础方面做了独特的尝试，他企图把微分运算归结为代数运算，从而抛弃自牛顿以来一直令人困惑的无穷小量，并想由此出发建立全部分析学；另外，他用幂级数表示函数的处理方法对分析学的发展产生了影响，成为实变函数论的起点；而且，他还在微分方程理论中做出奇解为积分曲线簇的包络的几何解释，提出线性变换的特征值概念等．数学界近一百多年来的许多成就都可直接或间接地追溯于拉格朗日的工作，为此他在数学史上被认为是对分析数学的发展产生全面影响的数学家之一.

第四单元 一元函数的积分及其应用

第一部分　单元导读

4-1 单元导读

教学目的

　　积分学是微积分的重要组成部分之一，它包括定积分与不定积分. 本单元主要介绍这两种积分的定义、求积分方法，包括如何使用 Matlab 求积分，最后介绍定积分的简单应用.

教学内容

　　（1）理解定积分与不定积分的概念.

　　（2）掌握牛顿–莱布尼兹公式，不定积分与导数的互逆关系.

　　（3）掌握定积分的性质与微积分基本公式.

　　（4）掌握换元积分法和分部积分法，利用积分公式和性质熟练进行积分计算.

　　（5）了解定积分的微元法，利用微元法解决简单的几何学和物理学上的有关问题.

　　积分先生引导图见图 4-1.

图 4-1

125

第二部分　数学文化与生活

2.1　生命中的微积分之理

学过数学的人都知道，计算直线的长度比计算一条曲线的长度要容易得多．为了求得一条曲线的长度，把这条曲线无限细分，细分成若干条细小的直线，再把这些直线的长度累加起来，这就求得了曲线的长度．这个思想就是高等数学中的微积分．

千姿百态的人生，像极了微积分的基本精神，由无限多个无限小的刹那相加而成．人的一生就是所有无限微小时间之和，没有哪一部分可以割舍，于任何时空都能我、人、主、客完全地融为一体，才能体验生命的真谛．我们无法明天去看云、去看鱼、去观水……，因为看云、看鱼、观水的明天也是明天的今天．如果我们不能融入今日、此时、此地、此刻……，就没有别的明天会来临．因为来临的每个明天、明天、明天……，都只是当时的今日、此时、此地、此刻．

生命的长度等于无穷多个无限小刹那的累积．无限小刹那就是微分，而将这些无限小刹那相加就是积分．无论我们的一生有多长，它的总长度就是由这些无穷多个无限小刹那相加的总和．这些构成总体的无穷多个无限小刹那中，无论酸、甜、苦、辣、咸，都是整个人生的一部分，没有哪一部分不是自己的，我们忽略它就是忽略自己的人生．要想有充实而有意义的人生，就必须有积极的人生态度．积极的人生态度可以让你在今日的学习与他日的工作和生活中充满许多成功经历，让你的人生轨迹逐步上扬．

微积分，或许不是那么深奥．比如写诗，总想像李白一样成名，或像苏轼一样流芳，但事实是越写越差，不写却会更差；篮球，总想有 NBA 球员的水平，但总也达不到；得了本科文凭还不够，你还想获得研究生、博士、MBA 文凭；拿着麦克风总也达不到李娜的高度．

200 年前英国诗人布雷克，大概他也懂得微积分，他曾写过这样一首诗："一沙一世界，一花一天堂，握无穷于掌心，窥永恒于一瞬．"凡此种种，都是生活中的微积分．你总也不可能得到所计算的曲线，而只有无限地接近，不努力更不能接近，而努力了就会缩小与目标曲线的差距，终究不是目标曲线．也许尽力了，也就达到生活的目的了．

2.2　无处不在的"积分"

2.2.1　实例导入

加油站在生活中随处可见（图4-2），但加油站里的油罐是我们平时见不到的，不过它的基本形状（图4-3）大家都应该了解，对于这样的油罐，它的容积（图4-4）怎么求解呢？学习本单元内

4-2 积分生活引例

容之后，我们将对这个问题进行解答.

图 4-2

图 4-3

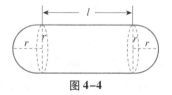

图 4-4

2. 2. 2　你听说过这样的实际问题吗

1. 一个正弦波的长度

函数 $f(x) = \sin x$ 是我们熟悉的三角函数之一. 它的图形（图4-5）呈周期性变化，且周期是 2π. 但是在一个周期 2π 里，你知道这个正弦波本身有多长吗？

如果把正弦波看作一段细绳，沿着 x 轴正方向把它拉直，一端固定在原点 O，另一端将在哪里？

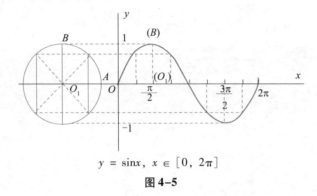

$$y = \sin x, \ x \in [0, 2\pi]$$

图 4-5

2. 国王的地图

很久以前有一位国王，他有三位既聪明又美丽的公主. 三位公主渐渐长大，到了该结婚的年龄. 于是国王设计了一道试题，来考察她们的追求者. 他向全国臣民宣布，任何人只要能告诉他国土的面积是多少，就可以得到 1000 块金币的奖赏，并可以任娶一位公主为妻.

国土到底是什么样的呢？它是一个不规则四边形，其中三边界是直线，长度分别为 100km、110km 和 10km，但是第四条边界是一条弯曲的河流（图4-6）. 你能想办法帮国王计算出国土的面积吗？

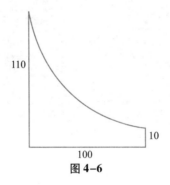

图 4-6

3. 学校的新停车场

随着停车需要的不断增加，你们学校划拨了一块如图 4-7 所示的地块用于建设停车场. 作为学校的工程师，校长办公会询问你停车场建设费用，如果清理土地一平方米花费 0.60 元，铺设一平方米花费 12.00 元. 花费 66000 元能顺利建成停车场吗？

解决这个问题，我们需要知道这块地的面积有多大，但是这是一个不规则的区域，我们需要用微积分的思想，细分成若干个小区域，再将其积累起来求和，这就是利用定积分求不规则图形面积的方法.

图 4-7

4. 草原天路之旅

你和同伴驾驶一辆车行进在一段蜿蜒的草原天路上，车的计速器正常工作，而里程表（里程计数器）坏了. 如果要计算汽车 1 分钟行驶的路程，如何求得呢？我们假设这辆汽车的"速度-时间"曲线如图 4-8 所示.

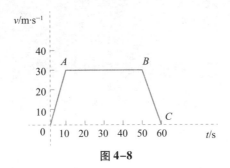

图 4-8

5. 隧道建设问题

你的工程公司投标一个隧道项目. 隧道长为 300 m，底的宽度是 50 m，横截面形状是抛物线（图 4-9）. 建成后，隧道内部表面（道路除外）用防水密封层处理，设每平方米费用为 18 元，该密封层共需要多少费用？

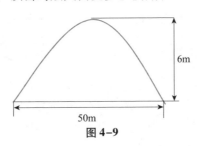

图 4-9

6. 国家大剧院

大家注意到国家大剧院（图4-10）的造型了吗？那么你们知道如何计算它的表面积吗？

图 4-10

国家大剧院的上部近似是个半球，下部的玻璃形状是曲边梯形（图4-11），要计算其表面积可以通过计算曲边梯形的面积来实现.

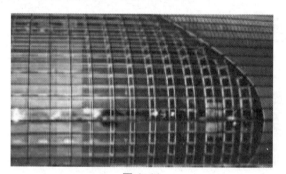

图 4-11

  上述问题在解决的过程中都需要用到积分的思想和方法，这都是小菜一碟——只要会积分呦！

2.3 积分思想简介

定积分的概念起源于求平面图形的面积这一实际问题. 如古希腊人阿基米德用"穷竭法"计算抛物线弓形的面积，中国魏晋人刘徽用"割圆术"计算圆的面积和周长，这些都是定积分思想的萌芽，都运用了分割、近似、求和的方法，而直到极限理论这个"魔法师"的出现，定积分的概念才建立起来.

定积分这种"**无限分割→近似代替→求和→取极限**"思想在其他知识领域中和现实生活中具有普遍意义，但定积分这种四步骤法太烦琐，我们可以简化一下，就出现了常用的"微元法". 所谓"微元法"，就是当我们遇到的问题在整体范围内是变化的，但在经过了分割后的局部范围内近似地认为不变时，都可以用"微元法"来解决. 利用"微元法"可以把"变化的""运动的""不规律的"转化成"不变的""静止的""规律的",所以定积分在数学、物理、工程技术、经济学中都有着广泛应用.

定积分既是一种思想,又是一个强大的工具,利用这个工具我们可以精确地计算出非均匀分布总量问题. 譬如,封闭图形的面积、旋转体的体积、物理中的变力做功、经济学中的经济函数等问题. 所以,如何计算一段弯弯曲曲的路径的长度? 如何求出不规则图形的面积? 如何计算变速运动的位移? 这些令人头疼的问题都将在本单元中被一一解决,从中你会体会到定积分的强大用途.

 认真来学一学,学完本单元后,你的数学功力又进了一阶,你可以炫耀一下自己的本领:计算国家大剧院外墙面的玻璃面积,计算你去草原天路的里程数,计算国王的国土面积.

第三部分　知识纵横——积分之旅

 游学示意图

在本单元主要学习定积分的概念及其性质;不定积分的定义及其性质;不定积分的换元积分法、分部积分法;微积分基本公式;定积分的换元积分法、分部积分法;定积分在几何上的应用;定积分在物理上的应用. 定积分在生活中的应用. 本单元游学示意图见图 4-12.

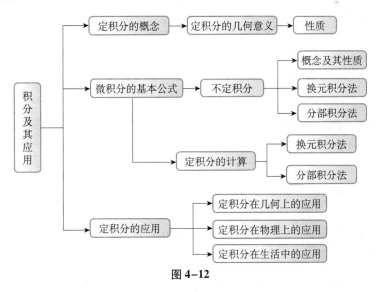

图 4-12

3.1　积分初识

首先,我们通过图 4-13 所示的漫画来了解微分与积分的关系.

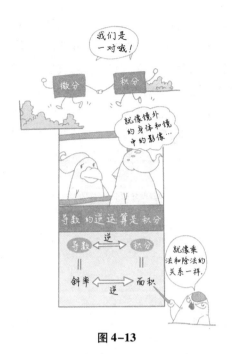

图 4–13

积分是反"微分之道"而行，就是把微分的结果还原回去，所以作为运算来讲，积分是导数或微分的逆向运算.

$$\text{导数（微分）} \xleftrightarrow{\text{互逆}} \text{积分}$$

什么是互逆运算？就像"乘法"与"除法"的关系一样. 单元三中我们学习了导数知识，那么本单元的积分知识与导数有着这样密切的关系，学习积分就不难了吧！

这里所讲的积分包括不定积分和定积分两个概念. 什么是不定积分？什么是定积分？下面我们进行详细介绍.

3.1.1 原函数

我们知道了积分是导数或微分的逆运算，那么作为结果出现的函数怎样命名呢？我们给它起了个名字，叫作原函数.

原函数定义： 如果在区间 I 上，可导函数 $F(x)$ 的导函数为 $f(x)$，即对 $\forall x \in I$，都有 $F'(x) = f(x)$ 或 $dF(x) = f(x)dx$，则称函数 $F(x)$ 为函数 $f(x)$ 在区间 I 上的一个原函数.

那么原函数究竟是什么呢？下面举个例子.

如已知一个速度函数为 $v(t) = at$，利用速度与距离的关系可知：在时间 t 内所行走的距离对应的正是图 4–14 所示阴影的面积，$S = \dfrac{1}{2}t \cdot at = \dfrac{1}{2}at^2$.

$$s(t) = \frac{1}{2}at^2$$

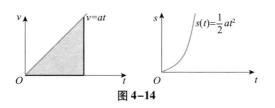

图 4-14

而由单元三中导数的知识可知：$s'(t) = \left(\dfrac{1}{2}at^2\right)' = at$，因此速度函数与距离函数就是一对有着互逆运算关系的函数．对速度函数求面积就是求距离；对距离函数求斜率就是求速度．这里，距离函数 $s(t)$ 是速度 $v(t)$ 的一个原函数．

现在有点明白导数与原函数的关系了吧！

例如：

$$(x^5)' = 5x^4，\quad (x^5 + 1)' = 5x^4，\quad (x^5 - \sqrt{2})' = 5x^4，\cdots$$

那么就称 $x^5 + C$ 为 $5x^4$ 的原函数（C 为常数）．

3.1.2　不定积分的定义

那么如何把所有的原函数表示出来？这就出现了不定积分的概念．

不定积分定义：在区间 I 上，函数 $f(x)$ 的原函数的全体 $F(x) + C$（C 为任意常数）称为 $f(x)$ 在区间 I 上的不定积分，记作 $\displaystyle\int f(x)\mathrm{d}x$．

即有 $\displaystyle\int f(x)\mathrm{d}x = F(x) + C$（其中 C 为任意常数）．

$\displaystyle\int f(x)\mathrm{d}x$ 读作 $f(x)$ 关于 x 的积分；"$\displaystyle\int$" 是积分符号，它是将 Summation（合计）的首字母纵向拉伸得到的（图 4-15）；"x" 是积分变量，也就是对哪个变量求积分．

图 4-15

由定义可知不定积分就是用一个算式把原函数的全部表示出来，但它和导数是什么关系呢？

$$\frac{\mathrm{d}}{\mathrm{d}x}\int f(x)\mathrm{d}x = f(x) \qquad\qquad \mathrm{d}\int f(x)\mathrm{d}x = f(x)\mathrm{d}x$$

$$\int \frac{\mathrm{d}}{\mathrm{d}x}[F(x)]\mathrm{d}x = F(x) + C \qquad\qquad \int \mathrm{d}F(x)\mathrm{d}x = F(x) + C$$

所以，不定积分与导数（微分）是互为逆运算的．

3.1.3　不定积分的几何意义

由于不定积分中含有任意常数 C，因此对于每个给定的 C，都有一个确定的原函数，在几何上，相应地就有一条确定的曲线，称为积分曲线（图 4-16）．所以，积分曲线簇中每条曲线都可以由曲线 $y = F(x)$ 沿 y 轴方向上、下平移得到．曲线在点 x 处的切线斜率就是 $f(x)$．

你知道了导数（微分）和积分的关系与区别了吧！（图4-17）

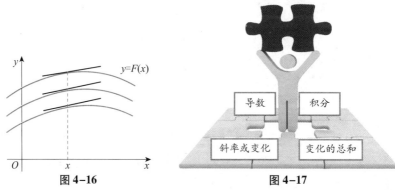

图4-16　　　　　　　　图4-17

3.1.4　定积分的概念

什么是"定"与"不定"呢？大家畅所欲言吧！

所谓定积分是由一个原函数对应的两个函数值，最后产生一个确定的数值.

定积分的形式与不定积分没有太大差别，只不过在积分符号上多了两个数字，这两个数字叫作积分上下限. 那定积分究竟代表什么呢？

4-3 定积分的概念

定积分几何意义：是为了解决求面积问题而建立的运算.

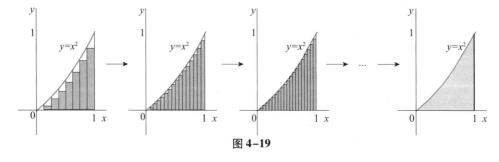

图4-18

例1　图4-18中阴影部分是由抛物线 $y=x^2$、直线 $x=1$ 及 x 轴所围成的平面曲边图形，求该图形的面积 S.

思路：采用分割原理.（图4-19）

（1）分割：对区间 $[0,1]$ 进行分割，等分成 n 个小区间，宽度 $\Delta x=\dfrac{1}{n}$.

（2）近似代替：对每个小曲边梯形"以直代曲"，即用矩形的面积近似代替小曲边梯形的面积，得到每个小曲边梯形面积的近似值，对这些近似值求和，就得到曲边梯形面积的近似值. 由图4-19可以看出，分割越细，面积的近似值就越精确. 当分割无限变细时，这个近似值就无限逼近所求曲边梯形的面积 S.

图4-19

（3）求和：这些小矩形的面积之和为

$$S_n=\frac{1}{n^3}\left[1^2+2^2+3^2+\cdots+(n-1)^2\right]$$

（4）取极限：

$$S = \lim_{n \to \infty} S_n = \lim_{n \to \infty} \frac{1}{n^3}\left[1^2 + 2^2 + 3^2 + \cdots + (n-1)^2\right] = \lim_{n \to \infty} \frac{1}{n^3} \cdot \frac{n(n-1)(2n-1)}{6} = \frac{1}{6}.$$

在现实生活中许多问题的解决都是使用上述方法，因此我们有必要在抽象的形式下研究它，这样就引出了数学上的定积分概念.

我们通过漫画（图 4-20）再加深一下印象吧！

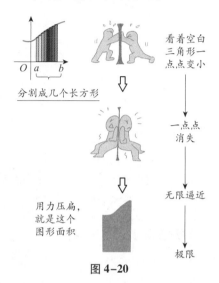

图 4-20

定积分定义：一般地，设函数 $f(x)$ 在区间 $[a, b]$ 上有定义，任取分点

$$a = x_0 < x_1 < x_2 < \cdots < x_{i-1} < x_i < \cdots < x_{n-1} < x_n = b,$$

将区间 $[a, b]$ 分成 n 个小区间 $[x_{i-1}, x_i]$，每个小区间长度为 Δx_i.

$$\Delta x_i = x_i - x_{i-1}(i = 1, 2, \cdots, n),$$

其中，最大的小区间长度记作 $\|\Delta x_i\|$.

其次，在每个小区间 $[x_{i-1}, x_i]$ 上任取一点 $\xi_i(i = 1, 2, \cdots, n)$，求和式：

$$A_n = \sum_{i=1}^{n} f(\xi_i)\Delta x_i$$

最后，如果 $\|\Delta x_i\|$ 无限接近于 0（即 $n \to +\infty$）时，上述和式的极限存在，则称该极限值 A 为函数 $f(x)$ 在区间 $[a, b]$ 上的定积分.

定积分的表示：极限值 A 为函数 $f(x)$ 在区间 $[a, b]$ 上的定积分，记为

$$A = \int_a^b f(x)\,\mathrm{d}x = \lim_{\|\Delta x_i\| \to 0} \sum_{i=1}^{n} f(\xi_i)\Delta x_i.$$

其中，$\int$ 为积分号，b 为积分上限，a 为积分下限；

$f(x)$ 为被积函数，x 为积分变量；

$[a, b]$ 为积分区间，$f(x)\,\mathrm{d}x$ 为被积表达式.

怎么样，了解积分的含义了吧？让我们通过漫画（图 4-21）对比一下求解定积分和不定积分的区别和联系吧！

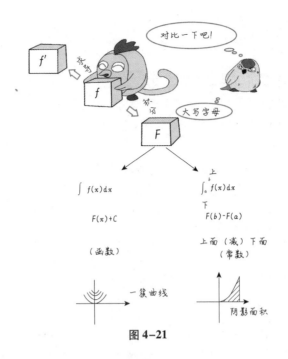

图 4-21

关于定积分的定义，我们需要掌握以下三点：

（1）定积分 $\int_a^b f(x)\,dx$ 是一个常数，即 A_n 无限趋近的常数 A（$n\to+\infty$ 时），记为 $\int_a^b f(x)\,dx$.

（2）用定义求定积分的一般方法.

①分割：对区间 $[a,\ b]$ 进行 n 份分割；

②近似代替：取点 $\xi_i \in [x_{i-1},\ x_i]$，用 $f(\xi_i)\Delta x_i$ 近似代替小曲边梯形的面积；

③求和：$\sum\limits_{i=1}^{n} f(\xi_i)\Delta x_i$；

④取极限：$A = \int_a^b f(x)\,dx = \lim\limits_{\|\Delta x_i\|\to 0} \sum\limits_{i=1}^{i=n} f(\xi_i)\Delta x_i$.

（3）定积分的一项重要功能就是计算面积. 例如：现实生活中存在的不规则的湖面面积、地图的面积等.

实际问题中的面积往往都是不规则的，比较难求解，所以我们要先探讨规则图形的面积，也就是先考虑常见函数图形与坐标轴围城的面积是如何求解的.

所以，例 1 中由抛物线组成曲边梯形的面积，利用定积分就可以表示为

$$A = \int_0^1 x^2\,dx.$$

3.1.5　定积分的几何意义

设曲线 $f(x)$ 与直线 $x=a$、$x=b$、x 轴所围成的曲边梯形的面积为 A. 我们可以看出：

（1）在区间 $[a, b]$ 上 $f(x) \geqslant 0$ 时，曲边梯形在 x 轴上方，$\int_a^b f(x)\mathrm{d}x$ 表示曲边梯形面积，即 $\int_a^b f(x)\mathrm{d}x = A$.

（2）在区间 $[a, b]$ 上 $f(x) < 0$ 时，曲边梯形在 x 轴下方，$\int_a^b f(x)\mathrm{d}x$ 表示曲边梯形面积的负值，即 $\int_a^b f(x)\mathrm{d}x = -A$.

（3）在区间 $[a, b]$ 上 $f(x)$ 有正有负时，x 轴上方的图形面积赋以正号，x 轴下方的图形面积赋以负号，$\int_a^b f(x)\mathrm{d}x$ 表示各部分面积代数和. 在图 4-22 所示图形中，$\int_a^b f(x)\mathrm{d}x = A_1 - A_2 + A_3$.

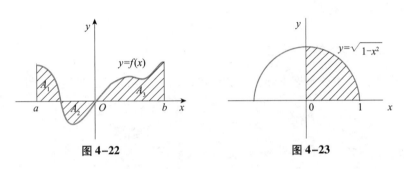

图 4-22　　　　　　图 4-23

例 2　利用定积分的几何意义，计算

$$\int_0^1 \sqrt{1 - x^2}\,\mathrm{d}x.$$

解： 显然，根据定积分的定义来求解是比较困难的. 根据定积分的几何意义可知，$\int_0^1 \sqrt{1 - x^2}\,\mathrm{d}x$ 就是图 4-23 所示半径为 1 的圆在第一象限部分的面积，所以

$$\int_0^1 \sqrt{1 - x^2}\,\mathrm{d}x = \frac{\pi}{4} \times 1^2 = \frac{\pi}{4}.$$

由此可见，定积分确实有很多用途. 利用定积分还可以计算变速直线运动的位移、旋转体的体积、变力做功等几何和物理问题.

🎧 技巧点拨

（1）原函数的个数不是唯一的，同一个函数的原函数之间相差一个常数 C；

（2）求解一个函数的不定积分就是求这个函数的全体原函数；

（3）不定积分求解后是一簇函数，而定积分求解后是具体数值.

（4）定积分是有区间范围的积分.

📅 能力操练 3.1

1. 画出 $y = 2^x$、$y = 2^{-x}$ 与直线 $x = 1$ 围成的图形.

2. 一个已知的函数，有_____个原函数，其中任意两个原函数的差是一个_____.

3. $f(x)$ 的_____称为 $f(x)$ 的不定积分.

4. 将 $f(x)$ 的一个原函数 $F(x)$ 的图形称为函数 $f(x)$ 的_____，它的方程是 $y=F(x)$，这样不定积分 $\int f(x)\mathrm{d}x$ 在几何上就表示_____，它的方程是 $y=F(x)+C$.

5. 由 $F'(x)=f(x)$ 可知，在积分曲线簇 $y=F(x)+C$（C 是意任常数）上横坐标相同的点处作切线，这些切线彼此是_____的.

6. 若 $f(x)$ 在某区间上_____，则在该区间上 $f(x)$ 的原函数一定存在.

7. $\int(x\sin x)'\mathrm{d}x=$ _____，$\dfrac{\mathrm{d}}{\mathrm{d}x}\int x\sin x\mathrm{d}x=$ _____.

8. 如果被积函数 $f(x)=1$，则 $\int_a^b f(x)\mathrm{d}x=$ _____.

3.2 积分运算的必备法宝

在导数的计算中要掌握求导公式和法则，那么求积分有公式吗？（图4-24）

图4-24

法宝分类

通过上面的体验，大家应该大概了解了所需要的法宝类型，接下来我们就一起深入探究不同法宝的使用方法和策略.（图4-25）

图4-25

3.2.1 必备法宝

法宝1：基本积分公式

(1) $\int x^a \mathrm{d}x = \dfrac{1}{\alpha+1}x^{\alpha+1} + C(\alpha \neq -1)$;

(2) $\int \dfrac{1}{x}\mathrm{d}x = \ln|x| + C$;

(3) $\int a^x \mathrm{d}x = \dfrac{a^x}{\ln a} + C$;

(4) $\int e^x \mathrm{d}x = e^x + C$;

(5) $\int \cos x \mathrm{d}x = \sin x + C$;

(6) $\int \sin x \mathrm{d}x = -\cos x + C$;

(7) $\int \sec^2 x \mathrm{d}x = \tan x + C$;

(8) $\int \csc^2 x \mathrm{d}x = -\cot x + C$;

(9) $\int \sec x \cdot \tan x \mathrm{d}x = \sec x + C$;

(10) $\int \csc x \cdot \cot x \mathrm{d}x = -\csc x + C$;

(11) $\int \dfrac{1}{\sqrt{1-x^2}}\mathrm{d}x = \arcsin x + C$;

(12) $\int \dfrac{1}{1+x^2}\mathrm{d}x = \arctan x + C$.

法宝2：不定积分性质

(1) $\left(\int f(x)\mathrm{d}x\right)' = f(x)$ 或 $\mathrm{d}\int f(x)\mathrm{d}x = f(x)$;

(2) $\int F'(x)\mathrm{d}x = F(x) + C$ 或 $\int \mathrm{d}F(x) = F(x) + C$;

(3) $\int kf(x)\mathrm{d}x = k\int f(x)\mathrm{d}x$;

(4) $\int [f(x) \pm g(x)]\mathrm{d}x = \int f(x)\mathrm{d}x \pm \int g(x)\mathrm{d}x$.

大家一定要熟记和掌握上面的"法宝"啊！在掌握之前，讨论这些公式和单元三的导数常见公式有什么关系，如何将二者一起记忆呢？

3.2.2 通关秘籍

不定积分如何计算？积分助手（图4-26）来引导我们来学习不定积分.

图 4-26

1. 直接积分法

在计算积分时，可以直接使用基本积分公式和积分性质得到结果，或者经过简单的恒等变（等价）形后，再利用积分性质和基本积分公式得到结果，这样的积分方法叫作直接积分法.

例3 求 $\int (1 + \sqrt{x})\,dx$.

解：根据积分性质，利用基本积分公式，得

$$\int (1 + \sqrt{x})\,dx = \int 1\,dx + \int x^{\frac{1}{2}}\,dx = x + \frac{2}{3}x^{\frac{3}{2}} + C.$$

4-4 不定积分的计算—直接积分法

例4 求 $\int \left(3x^2 + \cos x - \dfrac{2}{x}\right)\,dx$.

解：根据积分性质，利用基本积分公式，得

$$\int \left(3x^2 + \cos x - \frac{2}{x}\right)\,dx = 3\int x^2\,dx + \int \cos x\,dx - 2\int \frac{1}{x}\,dx$$
$$= x^3 + \sin x - 2\ln|x| + C.$$

例5 求 $\int \dfrac{xe^x + x^5 + 3}{x}\,dx$.

解：根据积分性质，利用基本积分公式，得

$$\int \frac{xe^x + x^5 + 3}{x}\,dx = \int e^x\,dx + \int x^4\,dx + 3\int \frac{1}{x}\,dx = e^x + \frac{x^5}{5} + 3\ln|x| + C.$$

例6 求 $\int \dfrac{3x^2}{1 + x^2}\,dx$.

解：需要把被积函数进行等价变形（拆项），得

$$\int \frac{3x^2}{1 + x^2}\,dx = 3\int \frac{x^2 + 1 - 1}{1 + x^2}\,dx = 3\int \left(1 - \frac{1}{1 + x^2}\right)\,dx$$
$$= 3\int dx - 3\int \frac{1}{1 + x^2}\,dx = 3x - 3\arctan x + C.$$

例7 求 $\int \tan^2 x\,dx$.

解：需要把被积函数进行三角等价变形，得

$$\int \tan^2 x \, dx = \int (\sec^2 x - 1) \, dx = \int \sec^2 x \, dx - \int dx = \tan x - x + C.$$

例 8　求 $\int \dfrac{1}{\sin^2 x \cos^2 x} \, dx$.

解：需要把被积函数进行等价变形（拆项），得

$$\int \frac{1}{\sin^2 x \cos^2 x} \, dx = \int \frac{\sin^2 x + \cos^2 x}{\sin^2 x \cos^2 x} \, dx = \int \left(\frac{1}{\cos^2 x} + \frac{1}{\sin^2 x} \right) dx$$

$$= \int \sec^2 x \, dx + \int \csc^2 x \, dx = \tan x - \cot x + C.$$

附解：直接积分法需要熟练掌握基本积分公式，需要把被积函数等价变形成公式要求的形式. 常用的变形有：加一项或减一项地拆项；乘积拆成代数和；三角等价变形.

2. 第一类换元积分法（凑微分法）

设 $\int f(x) \, dx = F(x) + C$，$\varphi'(x)$ 存在，则有

$$\int f[\varphi(x)] \varphi'(x) \, dx = \int f[\varphi(x)] \, d[\varphi(x)] = F[\varphi(x)] + C.$$

附解：凑微分法在于"凑"，就是把积分变量"x"凑成复合函数的中间变量"$\varphi(x)$".

例 9　求 $\int \cos 3x \, dx$.　　$\boxed{dx = \dfrac{1}{3} d(3x)}$

解：$\displaystyle\int \cos 3x \, dx = \int \frac{1}{3} \cos 3x \, d(3x) = \frac{1}{3} \int \cos 3x \, d(3x)$

$$= \frac{1}{3} \sin 3x + C.$$

4-5 不定积分的计
算—换元积分法

例 10　求 $\int \dfrac{1}{2x - 3} \, dx$.　　$\boxed{dx = \dfrac{1}{2} d(2x-3)}$

解：$\displaystyle\int \frac{1}{2x - 3} \, dx = \int \frac{1}{2} \cdot \frac{1}{2x - 3} \, d(2x - 3) = \frac{1}{2} \int \frac{1}{2x - 3} \, d(2x - 3)$

$$= \frac{1}{2} \ln |2x - 3| + C.$$

例 11　求 $\int x e^{x^2} \, dx$.　　$\boxed{x\,dx = \dfrac{1}{2} d(x^2)}$

解：$\displaystyle\int x e^{x^2} \, dx = \int e^{x^2} \, d\left(\frac{1}{2} x^2 \right) = \frac{1}{2} \int e^{x^2} \, dx^2 = \frac{1}{2} e^{x^2} + C.$

例 12　求 $\int \dfrac{dx}{\sqrt{x}(1 + x)}$.　　$\boxed{\dfrac{dx}{\sqrt{x}} = 2d\sqrt{x}}$

解：$\displaystyle\int \frac{dx}{\sqrt{x}(1 + x)} = 2 \int \frac{d\sqrt{x}}{1 + (\sqrt{x})^2} = 2 \arctan \sqrt{x} + C.$

例 13　求 $\int \cos^2 x \, dx$.

141

解： $\int \cos^2 x \, dx = \int \dfrac{1 + \cos 2x}{2} dx = \dfrac{1}{2}\int dx + \dfrac{1}{4}\int \cos 2x \, d2x = \dfrac{1}{2}x + \dfrac{1}{4}\sin 2x + C.$

3. 第二类换元积分法

有些积分需要做变量替换，即把变量"x"替换成"t"，这种代换积分法叫作第二类换元积分法.

设 $x = \varphi(t)$ 是单调可导函数，且 $\varphi'(t) \neq 0$，$f[\varphi(t)]\varphi'(t)$ 有原函数，则

$$\int f(x) dx = \int f[\varphi(t)]\varphi'(t) dt = F(t) + C$$

$$\xrightarrow{x = \varphi(t)} F[\varphi^{-1}(x)] + C$$

附解： 此方法在于"变"，主要是通过改变变量，消掉根式.

注意： 要将旧变量全部替换成新变量，最后写结果时再变换回去.

例 14 求 $\int \dfrac{1}{1 + \sqrt{x}} dx.$

解： $\displaystyle\int \dfrac{1}{1 + \sqrt{x}} dx \xrightarrow{\text{令}\sqrt{x} = t} \int \dfrac{1}{1 + t} dt^2 = \int \dfrac{2t}{1 + t} dt = 2\int \dfrac{t + 1 - 1}{1 + t} dt$

$$= 2\left(\int dt - \int \dfrac{1}{1 + t} dt\right) = 2t - 2\ln|1 + t| + C$$

$$\xrightarrow{\text{还原为}\, t = \sqrt{x}} 2\sqrt{x} - 2\ln(1 + \sqrt{x}) + C.$$

怎么样，明白了吗？注意替换的具体变量，别忘了换回来啊！（图 4-27）

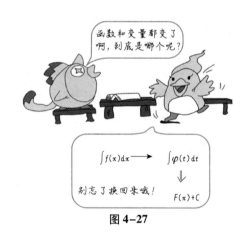

图 4-27

4. 分部积分法

当上述的方法解决不了积分时，可以把不易积分的 $\int u dv$ 通过分部积分公式变换成易积分的 $\int v du$. 设 $u = u(x)$，$v = v(x)$ 具有连续的导数，则有

$$\int u dv = uv - \int v du.$$

——分部积分公式

附解：此方法在于"分"，就是要选择合适的"u"和"$\mathrm{d}v$"，并且把二者分开放在不同的位置. 一般情况下，根据总结常见题型的计算方法，可以将五类基本初等函数简称为"幂、指、对、三、反"，在所解的被积函数中，按照"反、对、幂、三、指"的顺序，哪类函数顺序靠前，就作为"u"，其余部分为"$\mathrm{d}v$".

例 15 求 $\int x\cos x\,\mathrm{d}x$.

解：$\int x\cos x\,\mathrm{d}x = \int \underset{u}{x}\,\mathrm{d}\underset{v}{\sin x} = \underset{u}{x}\,\underset{v}{\sin x} - \int \underset{v}{\sin x}\,\underset{\mathrm{d}u}{\mathrm{d}x}$

$\qquad\qquad = x\sin x + \cos x + C$.

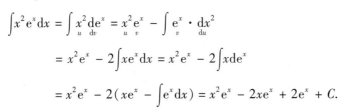

4-6 不定积分的计算—分部积分法

例 16 求 $\int x^2\mathrm{e}^x\,\mathrm{d}x$.

$\int \underset{u}{x^2}\,\mathrm{d}\underset{v}{\mathrm{e}^x} = \int \underset{u}{x^2}\,\mathrm{d}\underset{v}{\mathrm{e}^x} = \underset{u}{x^2}\,\underset{v}{\mathrm{e}^x} - \int \underset{v}{\mathrm{e}^x}\cdot \underset{\mathrm{d}u}{\mathrm{d}x^2}$

$\qquad = x^2\mathrm{e}^x - 2\int x\mathrm{e}^x\,\mathrm{d}x = x^2\mathrm{e}^x - 2\int x\,\mathrm{d}\mathrm{e}^x$

$\qquad = x^2\mathrm{e}^x - 2\left(x\mathrm{e}^x - \int \mathrm{e}^x\,\mathrm{d}x\right) = x^2\mathrm{e}^x - 2x\mathrm{e}^x + 2\mathrm{e}^x + C$.

例 17 求 $\int x\ln x\,\mathrm{d}x$.

解：$\int x\ln x\,\mathrm{d}x = \int \underset{u}{\ln x}\,\mathrm{d}\underset{v}{\dfrac{x^2}{2}} = \underset{v}{\dfrac{x^2}{2}}\underset{u}{\ln x} - \int \underset{v}{\dfrac{x^2}{2}}\,\mathrm{d}\underset{\mathrm{d}u}{\ln x}$

$\qquad\qquad = \dfrac{x^2}{2}\ln x - \int \dfrac{x}{2}\,\mathrm{d}x = \dfrac{x^2}{2}\ln x - \dfrac{x^2}{4} + C$.

例 18 求 $\int \arctan x\,\mathrm{d}x$.

解：$\int \arctan x\,\mathrm{d}x = \underset{v}{x}\cdot \underset{u}{\arctan x} - \int \underset{v}{x}\,\mathrm{d}\underset{\mathrm{d}u}{\arctan x}$

$\qquad\qquad = x\cdot\arctan x - \int \dfrac{x}{1+x^2}\,\mathrm{d}x$

$\qquad\qquad = x\cdot\arctan x - \dfrac{1}{2}\int \dfrac{1}{1+x^2}\,\mathrm{d}x^2$

$\qquad\qquad = x\cdot\arctan x - \dfrac{1}{2}\ln(1+x^2) + C$.

以上三种求解方法各有各的特点，一定要根据不同题型选择便于计算的方法.

怎么样，明白了吗？三种方法虽然各有不同，但也有互相融合的地方，让我们通过漫画（图4-28）对基本的"凑一凑"方法再加深一下印象吧！

好了，若掌握了以上方法和技巧，你就可以轻轻松松去闯关了，祝你好运！

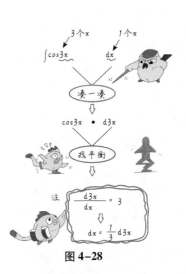

图 4-28

👤 技巧点拨

求不定积分，就是想尽办法把被积函数变成积分公式要求的形式. 观察被积函数，若被积函数带根式，就用第二类换元积分法；若是复合函数，就用凑微分法解决；若凑微分法解决不了的，一般用分部积分法解决.

📅 能力操练 3.2

4-7 小练习——
积分分式

1. 计算下列不定积分.

(1) $\dfrac{\mathrm{d}}{\mathrm{d}x}\displaystyle\int \dfrac{x}{\sqrt{1+x^2}}\,\mathrm{d}x$；

(2) $\displaystyle\int \dfrac{1+x^4}{1+x^2}\,\mathrm{d}x$；

(3) $\displaystyle\int (x^3-7x+4)\,\mathrm{d}x$；

(4) $\displaystyle\int (\mathrm{e}^x+3^x-\cos x)\,\mathrm{d}x$；

(5) $\displaystyle\int \left(\sin\dfrac{x}{2}-\cos\dfrac{x}{2}\right)^2\mathrm{d}x$.

2. 计算下列不定积分.

(1) $\displaystyle\int \dfrac{2x-4}{x^2-4x+5}\,\mathrm{d}x$；

(2) $\displaystyle\int \dfrac{\ln^3 x}{x}\,\mathrm{d}x$；

(3) $\displaystyle\int \dfrac{1}{a^2+x^2}\,\mathrm{d}x$；

(4) $\displaystyle\int \tan x\,\mathrm{d}x$；

(5) $\displaystyle\int (2x-3)^{100}\,\mathrm{d}x$；

(6) $\displaystyle\int \dfrac{3}{1-2x}\,\mathrm{d}x$；

(7) $\displaystyle\int \sin 3x\,\mathrm{d}x$；

(8) $\displaystyle\int \mathrm{e}^{-3x}\,\mathrm{d}x$；

(9) $\displaystyle\int x\cos x^2\,\mathrm{d}x$；

(10) $\displaystyle\int x\mathrm{e}^{-x^2}\,\mathrm{d}x$；

(11) $\displaystyle\int \dfrac{\sin\sqrt{t}}{\sqrt{t}}\,\mathrm{d}t$；

(12) $\displaystyle\int \dfrac{x}{\sqrt{2-3x^2}}\,\mathrm{d}x$.

3. 计算下列不定积分.

(1) $\displaystyle\int \dfrac{\mathrm{d}x}{1+\sqrt{2x}}$；

(2) $\displaystyle\int \dfrac{1}{\sqrt{x}+\sqrt[3]{x}}\,\mathrm{d}x$；

(3) $\displaystyle\int \dfrac{x}{\sqrt{x-2}}\,\mathrm{d}x$；

(4) $\displaystyle\int x\sqrt{x+1}\,\mathrm{d}x$.

4. 计算下列不定积分.

(1) $\displaystyle\int (x-1)\mathrm{e}^x\,\mathrm{d}x$；

(2) $\displaystyle\int (x^2+x)\mathrm{e}^{-x}\,\mathrm{d}x$；

(3) $\displaystyle\int \dfrac{\ln x}{x^3}\,\mathrm{d}x$；

(4) $\displaystyle\int \ln^2 x\,\mathrm{d}x$；

(5) $\displaystyle\int \dfrac{\ln\ln x}{x}\,\mathrm{d}x$；

(6) $\displaystyle\int \mathrm{e}^{\sqrt{x}}\,\mathrm{d}x$；

(7) $\displaystyle\int \dfrac{x\,\mathrm{d}x}{(1-x^2)^{\frac{3}{2}}}$；

(8) $\displaystyle\int (x+1)\ln x\,\mathrm{d}x$；

(9) $\int \ln \sqrt{1 + x^2}\, dx$;　　　　　　　(10) $\int \arctan(1 + \sqrt{x})\, dx$;

3.3　定积分的"游戏规则"

学习了不定积分，我们看看图 4-29 所示漫画图，有什么启发呢？

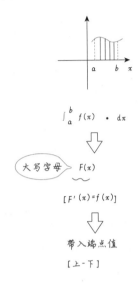

图 4-29

在许多情况下，以下规则随时能够派上用场.

1. 规则 1　定积分的基本性质

(1) $\int_a^b f(x)\, dx = -\int_b^a f(x)\, dx$.

(2) $\int_a^a f(x)\, dx = 0$.

(3) $\int_a^b kf(x)\, dx = k\int_a^b f(x)\, dx$（$k$ 为常数）.

(4) $\int_a^b [f_1(x) \pm f_2(x)]\, dx = \int_a^b f_1(x)\, dx \pm \int_a^b f_2(x)\, dx$.

(5) $\int_a^b f(x)\, dx = \int_a^c f(x)\, dx + \int_c^b f(x)\, dx$（其中 $a<c<b$）.

4-8 微积分基本
定理

2. 规则 2　定积分的计算宝石

微积分基本定理：如果函数 $f(x)$ 在区间 $[a, b]$ 上连续，$F(x)$ 为函数 $f(x)$ 的一个原函数，则

$$\int_a^b f(x)\,\mathrm{d}x = F(x)\Big|_a^b = F(b) - F(a)$$

——牛顿–莱布尼兹公式

这就是定积分的计算公式．请看以下几个实例．

4–9 定积分的计算

例 19　求 $\int_{-2}^{-1} \frac{1}{x}\mathrm{d}x$.

解：$\int_{-2}^{-1} \frac{1}{x}\mathrm{d}x = \ln|x|\ \Big|_{-2}^{-1} = \ln 1 - \ln 2 = -\ln 2$.

例 20　$\int_{-1}^{1}(x + \sqrt{1-x^2})^2\mathrm{d}x$.

解：$\int_{-1}^{1}(x + \sqrt{1-x^2})^2\mathrm{d}x = \int_{-1}^{1}1\mathrm{d}x + 2\int_{-1}^{1}x\sqrt{1-x^2}\mathrm{d}x = 2 + 0 = 2$.

例 21　已知 $f(x) = \begin{cases} 2x, & 0 \leq x \leq 1 \\ 5, & 1 < x \leq 2 \end{cases}$，求 $\int_0^2 f(x)\,\mathrm{d}x$.

解：$\int_0^2 f(x)\,\mathrm{d}x = \int_0^1 f(x)\,\mathrm{d}x + \int_1^2 f(x)\,\mathrm{d}x = \int_0^1 2x\mathrm{d}x + \int_1^2 5\mathrm{d}x$

$$= x^2\ \Big|_0^1 + 5x\ \Big|_1^2 = 6.$$

例 22　$\int_0^3 x\,|x-2|\,\mathrm{d}x$.

解：$\int_0^3 x\,|x-2|\,\mathrm{d}x = \int_0^2 x(2-x)\,\mathrm{d}x + \int_2^3 x(x-2)\,\mathrm{d}x = \dfrac{8}{3}$.

例 23　$\int_0^{\frac{\pi}{2}} \cos^5 x\sin x\mathrm{d}x$.

解：$\int_0^{\frac{\pi}{2}} \cos^5 x\sin x\mathrm{d}x = -\int_0^{\frac{\pi}{2}} \cos^5 x\mathrm{d}\cos x = -\dfrac{1}{6}\cos^6 x\ \Big|_0^{\frac{\pi}{2}} = \dfrac{1}{6}$.

例 24　$\int_0^8 \frac{1}{1+\sqrt[3]{x}}\mathrm{d}x$.

解：令 $\sqrt[3]{x} = t$，$x = t^3$．当 $x = 0$ 时，$t = 0$；当 $x = 8$ 时，$t = 2$.

$$原式 = \int_0^2 \frac{1}{1+t}\mathrm{d}t^3 = \int_0^2 \frac{3t^2}{1+t}\mathrm{d}t = 3\int_0^2 \frac{t^2-1+1}{1+t}\mathrm{d}t$$

$$= 3\int_0^2 (t-1)\,\mathrm{d}t + 3\int_0^2 \frac{1}{1+t}\mathrm{d}t = 3\left(\frac{1}{2}t^2 - t\right)\ \Big|_0^2 + 3\ln(1+t)\ \Big|_0^2 = 3\ln 3.$$

例 24 的积分方法在计算不定积分时使用过，就是换元积分法．

3. 定积分换元法

定理 假设 $f(x)$ 在 $[a, b]$ 上连续，对于 $x = \varphi(t)$ 满足下列条件：

（1）$\varphi(\alpha) = a$，$\varphi(\beta) = b$；

（2）函数 $x = \varphi(t)$ 在 $[\alpha, \beta]$ 上是单值的且有连续导数；

（3）当 t 在区间 $[\alpha, \beta]$ 变化时，相应地 $x = \varphi(t)$ 在 $[a, b]$ 上变化，那么有

$$\int_a^b f(x)\mathrm{d}x \xrightarrow{x = \varphi(t)} \int_\alpha^\beta f[\varphi(t)]\varphi'(t)\mathrm{d}t.$$

 定积分的计算不止换元法这一种方法，还有分部积分法，分部积分法在不定积分的计算时用过，好好观察下二者的联系和区别吧！

4. 定积分分部积分法

定理：设函数 $u(x)$，$v(x)$ 在区间 $[a, b]$ 上具有连续导数，则有

$$\int_a^b u\mathrm{d}v = uv\,\Big|_a^b - \int_a^b v\mathrm{d}u$$

——定积分分部积分公式

例 25 求 $\displaystyle\int_0^1 x\mathrm{e}^x\mathrm{d}x$.

解：$\displaystyle\int_0^1 x\mathrm{e}^x\mathrm{d}x = \int_0^1 x\mathrm{d}\mathrm{e}^x = x\mathrm{e}^x\,\Big|_0^1 - \int_0^1 \mathrm{e}^x\mathrm{d}x = x\mathrm{e}^x\,\Big|_0^1 - \mathrm{e}^x\,\Big|_0^1 = 1.$

例 26 求 $\displaystyle\int_1^e x\ln x\mathrm{d}x$.

解：$\displaystyle\int_1^e x\ln x\mathrm{d}x = \int_1^e \ln x\mathrm{d}\frac{1}{2}x^2 = \frac{1}{2}x^2\ln x\,\Big|_1^e - \int_1^e \frac{1}{2}x^2\mathrm{d}\ln x$

$\displaystyle = \frac{1}{2}\mathrm{e}^2 - \int_1^e \frac{x^2}{2x}\mathrm{d}x = \frac{1}{2}\mathrm{e}^2 - \frac{1}{4}x^2\,\Big|_1^e = \frac{1}{4}\mathrm{e}^2 + \frac{1}{4}.$

例 27 求 $\displaystyle\int_0^1 x\arctan x\mathrm{d}x$.

解：$\displaystyle\int_0^1 x\arctan x\mathrm{d}x = \frac{1}{2}\int_0^1 \arctan x\mathrm{d}x^2 = \frac{1}{2}x^2\arctan x\,\Big|_0^1 - \frac{1}{2}\int_0^1 x^2\mathrm{d}\arctan x$

$\displaystyle = \frac{\pi}{8} - \frac{1}{2}\int_0^1 \frac{x^2}{1+x^2}\mathrm{d}x = \frac{\pi}{8} - \frac{1}{2}\left(\int_0^1 \mathrm{d}x - \int_0^1 \frac{1}{1+x^2}\mathrm{d}x\right)$

$\displaystyle = \frac{\pi}{8} - \frac{1}{2}x\,\Big|_0^1 + \frac{1}{2}\arctan x\,\Big|_0^1 = \frac{\pi}{8} - \frac{1}{2} + \frac{\pi}{8} = \frac{\pi}{4} - \frac{1}{2}.$

 由上述例子可见，要求解定积分，需要按照求解不定积分的方法先求解原函数，再代入上下限数值进一步求解.

怎么样，明白了吗？让我们通过漫画（图4-30）再加深一下印象吧！

图 4-30

👤 技巧点拨

（1）微积分基本定理的重点，就是要计算定积分时，只需在区间 $[a,b]$ 上找到函数 $f(x)$ 的一个原函数 $F(x)$，并计算它由端点 a 到端点 b 的改变量 $F(b) - F(a)$ 即可.

（2）定积分和不定积分属于同一体系，所以相关性质及公式是有共通性的，注意对比和区分其异同.

📅 能力操练 3.3

1. 计算下列定积分.

（1）$\dfrac{\mathrm{d}}{\mathrm{d}x}\displaystyle\int_0^1 \dfrac{x}{\sqrt{1+x^2}}\mathrm{d}x$；

（2）$\displaystyle\int_0^\pi (1-\sin^3\theta)\mathrm{d}\theta$；

（3）$\displaystyle\int_0^1 \dfrac{x+2}{x^2-2-2}\mathrm{d}x$；

（4）$\displaystyle\int_0^1 \ln(1-x)\mathrm{d}x$；

（5）$\displaystyle\int_0^{\sqrt{2}} \dfrac{x}{\sqrt{4-x^2}}\mathrm{d}x$；

（6）$\displaystyle\int_0^1 \mathrm{e}^{\sqrt{x}}\mathrm{d}x$；

（7）$\displaystyle\int_0^4 \cos(\sqrt{x}-1)\mathrm{d}x$；

（8）$\displaystyle\int_0^1 \sqrt{(1-x^2)^3}\mathrm{d}x$；

（9）$\displaystyle\int_0^{\frac{\pi}{4}} \cos^2 2x\,\mathrm{d}x$；

（10）$\displaystyle\int_{-\frac{\pi}{2}}^{\frac{\pi}{2}} \cos^4\theta\,\mathrm{d}\theta$；

（11）$\displaystyle\int_0^{\ln2} x\mathrm{e}^{-x}\mathrm{d}x$；

（12）$\displaystyle\int_1^e x\ln x\,\mathrm{d}x$；

（13）$\displaystyle\int_0^{\frac{\pi}{4}} \dfrac{2+\sin^2 x}{\cos^2 x}\mathrm{d}x$；

（14）$\displaystyle\int_{-1}^1 \left(\dfrac{1}{x^2}-\dfrac{1}{1+x^2}\right)\mathrm{d}x$；

（15）$\displaystyle\int_0^{\frac{1}{2}} \dfrac{x\mathrm{d}x}{\sqrt{1-2x^2}}$；

（16）$\displaystyle\int_1^e \dfrac{4-\ln x}{x}\mathrm{d}x$；

4-10 典型题讲练

4-11 拓展题讲练

(17) $\int_1^{e^2} \dfrac{\ln x}{x(\ln^2 x - 1)} dx$;   (18) $\int_0^1 \dfrac{e^x}{1 + e^x} dx$;

(19) $\int_{-2}^2 x^3 \cos x dx$;   (20) $\int_{-x}^x x^4 \sin x dx$.

2. 某曲线在其上任意一点处的切线斜率等于该点横坐标的 5 倍，且通过点（2，3），求该曲线方程.

3.4 拨开云雾见积分

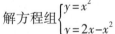

掌握了定积分的概念和计算方法，我们就可以通关了. 定积分在实际中有什么应用呢？让积分助手（图 4–31）告诉你.

图 4–31

1. 定积分求平面图形的面积

具体方法：在直角坐标系下计算平面图形的面积采用微元法.

具体步骤：

（1）画出曲线图形，确定积分变量和积分区间 $[a, b]$；

（2）求出具有代表性的面积微元 dA；

（3）求出面积 $A = \int_a^b dA$.

例 28 求由曲线 $y = x^2$ 与 $y = 2x - x^2$ 所围图形的面积.

4–12 定积分求面积

解：（1）先画出所围的图形（图 4–32）.

解方程组 $\begin{cases} y = x^2 \\ y = 2x - x^2 \end{cases}$

得两条曲线的交点为 $O(0, 0)$，$A(1, 1)$.

取 x 为积分变量，积分区间为 $[0, 1]$.

（2）面积微元为 $dA = (2x - x^2 - x^2) dx = (2x - 2x^2) dx$.

（3）所围图形的面积为 $A = \int_0^1 (2x - x^2 - x^2) dx = \left[x^2 - \dfrac{2}{3} x^3 \right]_0^1 = \dfrac{1}{3}$.

例 29 求曲线 $y^2 = 2x$ 与 $y = x - 4$ 所围图形的面积.

解：画出所围的图形（图 4-33）.

由方程组 $\begin{cases} y^2 = 2x \\ y = x - 4 \end{cases}$，得两条曲线的交点坐标为 $A(2，-2)$，$B(8，4)$，

取 y 为积分变量，$y \in [-2，4]$.

得所求面积为 $A = \displaystyle\int_{-2}^{4} \left(y + 4 - \frac{1}{2}y^2\right) \mathrm{d}y = \left(\frac{1}{2}y^2 + 4y - \frac{1}{6}y^3\right) \Big|_{-2}^{4} = 18$.

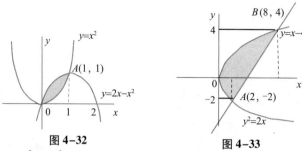

图 4-32　　　　　图 4-33

例 30　求椭圆 $\dfrac{x^2}{a^2} + \dfrac{y^2}{b^2} = 1$ 所围图形的面积.

解：设椭圆在第一象限部分的面积为 A_1（图 4-34），设 $x = a\sin t$，则 $\mathrm{d}x = a\cos t \mathrm{d}t$.

当 $x: 0 \to a$，则 $t: 0 \to \dfrac{\pi}{2}$.

则整个椭圆的面积为

$$A = 4A_1 = 4\int_0^a y\mathrm{d}x = 4\int_0^a b\sqrt{1 - \frac{x^2}{a^2}}\mathrm{d}x$$

$$= 4\int_0^{\frac{\pi}{2}} b\cos t(a\cos t)\mathrm{d}t = 4ab\int_0^{\frac{\pi}{2}} \cos^2 t\mathrm{d}t$$

$$= 4ab\int_0^{\frac{\pi}{2}} \frac{1 + \cos 2t}{2}\mathrm{d}t = 4ab\left[\frac{1}{2}t + \frac{1}{4}\sin 2t\right]_0^{\frac{\pi}{2}} = \pi ab.$$

例 31　求曲线 $y = x^2 - 8$ 与直线 $2x + y + 8 = 0$、$y = -4$ 所围成图形的面积.

解：所围成的图形见图 4-35.

$$s = \int_{-8}^{-4} \left(\sqrt{y + 8} + \frac{1}{2}y + 4\right) \mathrm{d}y$$

$$= \left[\frac{2}{3}(y + 8)^{\frac{3}{2}} + \frac{1}{4}y^2 + 4y\right]_{-8}^{-4} = \frac{28}{3}.$$

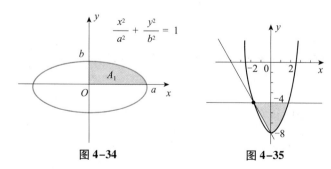

图 4-34　　　　　图 4-35

怎么样，了解定积分的实际用处了吧？让我们通过漫画（图4-36）来区分面积数值是有正负之分的.

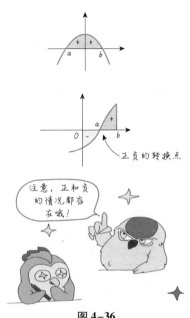

图 4-36

2. 求旋转体的体积

旋转体是一个平面图形绕着平面内的一条直线旋转而成的立体，这条直线叫作旋转轴.

4-13 体积求解方法

设旋转体（图4-37）是由连续曲线 $y=f(x)(f(x) \geqslant 0)$ 和直线 $x=a$、$x=b$ 及 x 轴所围成的曲边梯形绕 x 轴旋转一周而成的.

取 x 为积分变量，它的积分区间为 $[a, b]$，在 $[a, b]$ 内任取一小区间 $[x, x+dx]$，相应薄片的体积近似于以 $f(x)$ 为底面圆半径，dx 为高的小圆柱体的体积，从而得到体积微元为 $dV = \pi[f(x)]^2 dx$，于是，所求旋转体体积为

$$V = \int_a^b dV = \pi \int_a^b [f(x)]^2 dx.$$

类似地，由曲线 $x=\varphi(y)$ 和直线 $y=c$、$y=d$ 及 y 轴所围成的曲边梯形绕 y 轴旋转一周所得旋转体（图4-38）的体积为

$$V = \int_c^d dV = \pi \int_c^d [\varphi(y)]^2 dy.$$

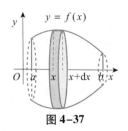

图 4-37

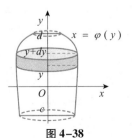

图 4-38

例 32 求由椭圆 $\dfrac{x^2}{a^2} + \dfrac{y^2}{b^2} = 1$ 绕 x 轴及 y 轴旋转而成的椭球体的体积.

解:（1）绕 x 轴旋转的椭球体（图 4-39），它可看作上半椭圆 $y = \dfrac{b}{a}\sqrt{a^2 - x^2}$ 与 x 轴围成的平面图形绕 x 轴旋转而成. 取 x 为积分变量，积分区间为 $[-a, a]$，由公式得所求椭球体的体积为

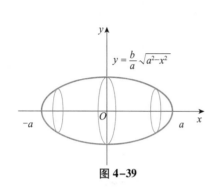

图 4-39

$$
\begin{aligned}
V_x &= \pi \int_{-a}^{a} \left(\frac{b}{a} \sqrt{a^2 - x^2} \right)^2 \mathrm{d}x \\
&= \frac{2\pi b^2}{a^2} \int_{0}^{a} (a^2 - x^2) \, \mathrm{d}x \\
&= \frac{2\pi b^2}{a^2} \left[a^2 x - \frac{x^3}{3} \right] \Big|_{0}^{a} \\
&= \frac{4}{3} \pi a b^2.
\end{aligned}
$$

（2）绕 y 轴旋转的椭球体（图 4-40），可看作右半椭圆 $x = \dfrac{a}{b}\sqrt{b^2 - y^2}$ 与 y 轴围成的平面图形绕 y 轴旋转而成. 取 y 为积分变量，积分区间为 $[-b, b]$，由公式得所求椭球体体积为

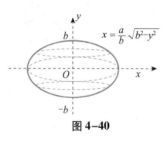

图 4-40

$$
\begin{aligned}
V_y &= \pi \int_{-b}^{b} \left(\frac{a}{b} \sqrt{b^2 - y^2} \right)^2 \mathrm{d}y \\
&= \frac{2\pi a^2}{b^2} \int_{0}^{b} (b^2 - y^2) \, \mathrm{d}y \\
&= \frac{2\pi a^2}{b^2} \left[b^2 y - \frac{y^3}{3} \right] \Big|_{0}^{b} \\
&= \frac{4}{3} \pi a^2 b.
\end{aligned}
$$

当 $a = b = R$ 时，上述结果为 $V = \dfrac{4}{3} \pi R^3$，这就是大家所熟悉的球体的体积公式.

现在我们来解答本单元第一部分提出的油罐问题。

问题：当我们进入加油站加油时，是看不到地面下深埋的储油罐的，那我们可曾想过储油罐的形状是什么样子？它的储油量是多少？每天如何标定油量？

仔细调查一下，认真思考.

解释：储油罐的主要形状：圆柱形、椭圆柱形、球形.

我们先来考虑卧式圆柱形油罐，其直观图见图 4-41.

要计算油的质量只须计算出油的体积，其体积公式 $V = S \cdot L$.

其中，S 是油液面的弓形面积（图 4-42 和图 4-43），L 是油罐的长度.

通过分析可知若计算油的体积，只要知道油液面所成的弓形的面积，而 S 的大小与油液面的高度 h 有关.

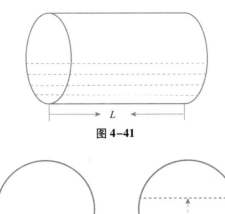

图 4-41

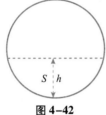

图 4-42

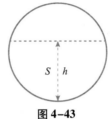

图 4-43

体积 V 与油液面的高度 h 有关.

如何计算 S？这就用到了定积分的知识了，利用定积分可以求平面图形的面积. 下面我们要讨论如下的两种情况：（1）$h<r$；（2）$h \geqslant r$，r 为圆柱形油罐的横截面半径.

（1）当 $h < r$ 时，

$$S = 2\int_{-r}^{-r+h} \sqrt{r^2 - y^2}\,\mathrm{d}y$$

$$= r^2\left(\frac{\pi}{2} - \arcsin\frac{r-h}{r}\right) - (r-h)\sqrt{r^2 - (r-h)^2}.$$

（2）当 $h \geqslant r$ 时，

$$s = \frac{\pi r^2}{2} + 2\int_{0}^{h-r} \sqrt{r^2 - y^2}\,\mathrm{d}y$$

$$= r^2\left(\frac{\pi}{2} + \arcsin\frac{h-r}{r}\right) + (h-r)\sqrt{r^2 - (h-r)^2}.$$

综合可得，油的体积 V 为

$$V = \left[r^2\left(\frac{\pi}{2} - \arcsin\frac{r-h}{r}\right) - (r-h)\sqrt{r^2 - (r-h)^2}\right]L, \ 0 \leqslant h \leqslant 2r.$$

 如果油罐是椭圆柱形时怎么求油量？油罐是球形的又如何解决？

技巧点拨

（1）三角形、正方形等图形的面积有固定的面积计算公式，所以积分主要是针对无法简单求解的复杂图形.

(2) $\int_a^b f(x)\,\mathrm{d}x$ 是 x 在区间 $[a, b]$ 内，函数 $f(x)$ 与 x 轴之间所围成图形的面积.

(3) 积分是将乘积求和，如果乘积为负值，其和必然为负，而面积为正值，注意区分.

(4) 求解积分大致分以下几步：

- 思考分割法；
- 根据分割法列出算式；
- 计算算式.

📅 **能力操练 3.4**

1. 求由下列各曲线所围成的图形的面积.

(1) $y = \dfrac{1}{2}x^2$ 与 $x^2 + y^2 = 8$ （两部分都要计算）；

(2) $y = \dfrac{1}{x}$ 与直线 $y = x$ 及 $x = 2$；

(3) $y = x^2 + 1$ 与 $y = x^2 - x$；

(4) $y = \mathrm{e}^x$ 与直线 $x = 0$ 及 $y = \mathrm{e}$.

2. 求由抛物线 $y = x^2$ 及 $y^2 = x$ 所围成图形的面积，并求该图形绕 x 轴旋转所成旋转体的体积.

3. 已知曲线 $y = a\sqrt{x}\,(a > 0)$ 与 $y = \ln\sqrt{x}$ 在点 (x_0, y_0) 处有公共切线，求：

(1) 常数 a 及切点 (x_0, y_0)；

(2) 两条曲线与 x 轴围成的平面图形的面积 S.

4. 有一锥形储水池，深 15m，口径 20m，盛满水，将水吸尽，问需要做多少功？

第四部分 学力训练

4.1 单元基础过关检测

一、选择题

1. 在下面 A、B、C、D 中，正确的有 （   ）.

A. $\int f(x)\,\mathrm{d}x = f'(x) + C$

B. $\int f(x)\,\mathrm{d}x$ 是 $f(x)$ 的一个原函数，

C. $\int f(x)\,\mathrm{d}x$ 表示 $f(x)$ 的任意原函数

D. $\dfrac{\mathrm{d}}{\mathrm{d}x}\displaystyle\int f(x)\,\mathrm{d}x = f'(x)$

A. 1 个   B. 2   C. 3 个   D. 4 个

2. 下列公式中正确的是（   ）.

A. $\displaystyle\int x^3\,\mathrm{d}x = 3x^2 + C$ B. $\displaystyle\int \sin x\,\mathrm{d}(\sin x) = \cos x + C$

C. $\displaystyle\int \mathrm{e}^{-x}\,\mathrm{d}x = \mathrm{e}^{-x} + C$ D. $\displaystyle\int x^{-2}\,\mathrm{d}x = -\dfrac{1}{x} + C$

3. 如果 $F'(u) = f(u)$，那么 $\displaystyle\int x f(x^2)\,\mathrm{d}x =$（   ）.

A. $F(x^2) + C$ B. $2F(x^2) + C$

C. $\dfrac{1}{2}F(x^2) + C$ D. $F\left(\dfrac{x^2}{2}\right) + C$

4. 如果 $\displaystyle\int f(x)\,\mathrm{d}x = F(x) + C$，那么 $\displaystyle\int f(ax + b)\,\mathrm{d}x =$（   ）.

A. $F(ax + b) + C$ B. $aF(ax + b) + C$

C. $\dfrac{1}{a}F(ax + b) + C$ D. $F\left(x + \dfrac{b}{a}\right) + C$

5. 在下列各选项中，与 $\displaystyle\int \sin 2x\,\mathrm{d}x$ 不相等的是（   ）.

A. $\sin^2 x + C$ B. $\dfrac{1}{2}\sin 2x + C$

C. $-\dfrac{1}{2}\cos 2x + C$ D. $-\cos^2 x + C$

6. 设 $I_1 = \displaystyle\int_0^{\frac{\pi}{4}} x\,\mathrm{d}x$，$I_2 = \displaystyle\int_0^{\frac{\pi}{4}} \sqrt{x}\,\mathrm{d}x$，$I_3 = \displaystyle\int_0^{\frac{\pi}{4}} \sin x\,\mathrm{d}x$，则（   ）.

A. $I_1 > I_2 > I_3$ B. $I_1 > I_3 > I_2$

C. $I_3 > I_1 > I_2$ D. $I_2 > I_1 > I_3$

7. 设 $I = \displaystyle\int_{-\frac{\pi}{4}}^{\frac{\pi}{4}} \cos x\,\mathrm{d}x$，下列各式中正确的是（   ）.

A. $0 \leqslant I \leqslant \dfrac{\sqrt{2}}{4}\pi$ B. $\dfrac{\sqrt{2}}{4}\pi \leqslant I \leqslant \dfrac{\pi}{2}$

C. $\dfrac{\pi}{2} \leqslant I \leqslant \dfrac{3}{4}\pi$ D. $\dfrac{3}{4}\pi \leqslant I \leqslant \pi$

8. 设函数 $f(x)$ 在闭区间 $[a, b]$ 上连续，则曲线 $y = f(x)$、直线 $x = a$、$x = b$、$y = 0$ 所围成的平面图形的面积等于（   ）.

A. $\displaystyle\int_a^b f(x)\,\mathrm{d}x$ B. $-\displaystyle\int_a^b f(x)\,\mathrm{d}x$

C. $\left|\displaystyle\int_a^b f(x)\,\mathrm{d}x\right|$ D. $\displaystyle\int_a^b |f(x)|\,\mathrm{d}x$

9. 设 $\displaystyle\int_0^2 x f(x)\,\mathrm{d}x = k\displaystyle\int_0^1 x f(2x)\,\mathrm{d}x$，则 $k =$（   ）.

A. 1　　　　　　　B. 2　　　　　　　C. 3　　　　　　　D. 4

10. $\dfrac{\mathrm{d}}{\mathrm{d}x}\displaystyle\int_a^b \arctan x\,\mathrm{d}x = ($　　$)$.

A. $\arctan x$　　　　　　　　　　B. $\arctan b - \arctan a$

C. 0　　　　　　　　　　　　　　D. $\dfrac{1}{1 + x^2}$

11. 设 $\varphi''(x)$ 在区间 $[a, b]$ 上连续，且 $\varphi'(b) = a$，$\varphi'(a) = b$，则 $\displaystyle\int_a^b \varphi'(x)\varphi''(x)\,\mathrm{d}x = ($　　$)$.

A. $a - b$　　　　　　　　　　B. $\dfrac{a - b}{2}$

C. $a^2 - b^2$　　　　　　　　D. $\dfrac{a^2 - b^2}{2}$

12. 设 $f(x)$ 的一个原函数为 $\sin x$，则 $\displaystyle\int_0^{\frac{\pi}{2}} x f(x)\,\mathrm{d}x = ($　　$)$.

A. $\dfrac{\pi}{2} + 1$　　　　　　　　B. $\dfrac{\pi}{2}$

C. $\dfrac{\pi}{2} - 1$　　　　　　　　D. 0

二、填空题

1. 一个已知的函数，有_____个原函数，其中任意两个原函数的差是一个_____.

2. $f(x)$ 的_____称为 $f(x)$ 的不定积分.

3. $f(x)$ 的一个原函数 $F(x)$ 的图形叫作函数 $f(x)$ 的_____，它的方程是 $y = f(x)$，这样不定积分 $\displaystyle\int f(x)\,\mathrm{d}x$ 在几何上就表示_____，它的方程是 $y = F(x) + C$.

4. 由 $F'(x) = f(x)$ 可知，在积分曲线簇 $y = F(x) + C$（C 是任意常数）上横坐标相同的点处作切线，这些切线彼此是_____的.

5. 若 $f(x)$ 在某区间上_____，则在该区间上 $f(x)$ 的原函数一定存在.

6. $x\sqrt{x}\,\mathrm{d}x = $_____.

7. $\dfrac{\mathrm{d}x}{x^2\sqrt{x}} = $_____.

8. $(x^2 - 3x + 2)\,\mathrm{d}x = $_____.

9. $\displaystyle\int(\sqrt{x} + 1)(\sqrt{x^3} - 1)\,\mathrm{d}x = $_____.

10. $\dfrac{(1 - x)^2}{\sqrt{x}}\,\mathrm{d}x = $_____.

三、求下列不定积分

1. $\displaystyle\int \dfrac{x^2}{1 + x^2}\,\mathrm{d}x$；　　　　　　　2. $\displaystyle\int \dfrac{2 \times 3^x - 5 \times 2^x}{3^x}\,\mathrm{d}x$；

3. $\displaystyle\int \cos^2 \frac{x}{2} \mathrm{d}x$; 4. $\displaystyle\int \frac{\cos 2x}{\cos^2 x \sin^2 x} \mathrm{d}x$;

5. $\displaystyle\int \left(1 - \frac{1}{x^2}\right) \sqrt{x\sqrt{x}} \, \mathrm{d}x$; 6. $\displaystyle\int \frac{x^2 + \sin^2 x}{x^2 + 1} \sec^2 x \mathrm{d}x$.

四、求下列不定积分

1. $\displaystyle\int x \mathrm{e}^{3x} \mathrm{d}x$; 2. $\displaystyle\int (x + 1) \mathrm{e}^x \mathrm{d}x$;

3. $\displaystyle\int x^2 \cos x \mathrm{d}x$; 4. $\displaystyle\int (x^2 + 1) \mathrm{e}^{-x} \mathrm{d}x$;

5. $\displaystyle\int x \ln(x + 1) \mathrm{d}x$; 6. $\displaystyle\int \mathrm{e}^{-x} \cos x \mathrm{d}x$.

五、求下列定积分

1. $\displaystyle\int_0^1 x^{100} \mathrm{d}x$; 2. $\displaystyle\int_1^4 \sqrt{x} \, \mathrm{d}x$; 3. $\displaystyle\int_0^1 \mathrm{e}^x \mathrm{d}x$; 4. $\displaystyle\int_0^1 100^x \mathrm{d}x$;

5. $\displaystyle\int_0^{\frac{\pi}{2}} \sin x \mathrm{d}x$; 6. $\displaystyle\int_0^1 x \mathrm{e}^{x^2} \mathrm{d}x$; 7. $\displaystyle\int_0^{\frac{\pi}{2}} \sin(2x + \pi) \mathrm{d}x$;

8. $\displaystyle\int_0^{\pi} \cos\left(\frac{x}{4} + \frac{\pi}{4}\right) \mathrm{d}x$; 9. $\displaystyle\int_1^e \frac{\ln x}{2x} \mathrm{d}x$; 10. $\displaystyle\int_0^1 \frac{\mathrm{d}x}{100 + x^2}$.

六、应用题

1. 求由曲线 $y = \dfrac{1}{x}$ 与直线 $y = x$、$x = 2$ 所围成平面图形的面积.

2. 求由曲线 $y = x^2$ 与直线 $y = x$ 所围成平面图形绕 x 轴旋转一周所得旋转体的体积.

3. 求由曲线 $r = 4\cos\theta\left(-\dfrac{\pi}{2} \leqslant \theta \leqslant \dfrac{\pi}{2}\right)$ 所围成平面图形的面积.

4. 求曲线 $y = \dfrac{1}{2}x^2$ 上相应于 x 从 0 到 1 的一段弧的长度.

4.2　单元拓展探究练习

1. 已设一物体在某介质中按照公式 $s = t^2$ 做直线运动, 其中 s 是在时间 t 内所经过的路程. 如果介质的阻力与运动速度的平方成正比（比例系数为 k）, 当物体由 $s = 0$ 运动到 $s = a$ 时, 求介质阻力所做的功.

2. 某厂生产某产品 Q（百台）的总成本 C（万元）的变化率为 $C'(Q) = 2$（设固定成本为零）, 总收入 R（万元）的变化率为产量 Q（百台）的函数 $R'(Q) = 7 - 2Q$. 问:

（1）生产量为多少时, 总利润最大? 最大利润为多少?

（2）在利润最大的基础又生产了 50 台, 总利润减少了多少?

3. 某项目的投资成本为 100 万元, 在 10 年中每年可获收益 25 万元, 年利率为 5%, 试求这 10 年中该投资的纯收入的现值.

第五部分　服务驿站

5.1　软件服务——积分的计算

5.1.1　实验目的

（1）熟练掌握在 Matlab 环境下求解初等函数的定积分与不定积分的命令；

（2）掌握在 Matlab 环境下用梯形积分法求定积分值.

5.1.2　实验过程

1. 学一学：积分的 Matlab 命令

Matlab 中主要用 int 命令进行符号积分，用 trapz，dblquad，quad，quad8 等命令进行数值积分.

R＝int（s，v）　对符号表达式 s 中指定的符号变量 v 计算不定积分. 表达式 R 只是表达式函数 s 的一个原函数，后面没有带任意常数 *C*.

R＝int（s）　对符号表达式 s 中确定的符号变量计算不定积分.

R＝int（s，a，b）　符号表达式 s 的定积分，a 和 b 分别为积分的上、下限.

R＝int（s，x，a，b）　符号表达式 s 关于变量 x 的定积分，a 和 b 分别为积分的上、下限.

trap z（x，y）　梯形积分法，x 是表示积分区间的离散化向量，y 是与 x 同维数的向量，表示被积函数，z 是返回积分值.

fblquad（'fun'，a，b，c，d）　矩形区域二重数值积分，fun 表示被积函数的函数名，a 和 b 分别为 x 的上、下限，c 和 d 分别为 y 的上、下限.

可以用 help int，help trapz，help quad 等查阅上述积分命令的详细信息.

2. 动一动：实际操练

例 33　用符号积分命令 int 计算积分 $\int x^2 \sin x \mathrm{d}x$.

Matlab 代码为

≫clear；syms x；

≫int（x^2 * sin（x））

结果为

ans＝-x^2 * cos（x）+2 * cos（x）+2 * x * sin（x）

如果用微分命令 diff 验证积分的正确性，Matlab 代码为

≫clear；syms x；

≫diff（-x^2 * cos（x）+2 * cos（x）+2 * x * sin（x））

结果为

ans＝x^2 * sin（x）

例 34 计算数值积分 $\int_{-2}^{2} x^4 \mathrm{d}x$.

先用梯形积分法命令 trapz 计算积分 $\int_{-2}^{2} x^4 \mathrm{d}x$，Matlab 代码为

≫clear；x＝−2：0.1：2；y＝x.^4;% 积分步长为 0.1

≫trapz（x，y）

结果为

ans＝12.8533

实际上，积分 $\int_{-2}^{2} x^4 \mathrm{d}x$ 的精确值为 $\frac{64}{5} = 12.8$. 如果取积分步长为 0.01，Matlab 代码为

≫clear；x＝−2：0.01：2；y＝x.^4;% 积分步长为 0.01

≫trapz（x，y）

结果为

ans＝12.8005

可用不同的步长进行计算，应考虑步长和精度之间的关系. 一般说来，trapz 是最基本的数值积分命令，精度低，适用于数值函数和光滑性不好的函数.

如果用符号积分法命令 int 计算积分 $\int_{-2}^{2} x^4 \mathrm{d}x$，则 Matlab 代码为

≫clear；syms x；

≫int（x^4，x，−2，2）

结果为

ans＝64/5

例 35 计算数值积分 $\iint\limits_{x^2 + y \leqslant 1} (1 + x + y)\mathrm{d}x\mathrm{d}y$，可将此二重积分转化为累次积分

$\iint\limits_{x^2 + y \leqslant 1} (1 + x + y)\mathrm{d}x\mathrm{d}y = \int_{-1}^{1} \int_{-\sqrt{1-x^2}}^{\sqrt{1-x^2}} (1 + x + y)\mathrm{d}y$，Matlab 代码为

≫clear；syms x y；

≫iy＝int（1+x+y，y，−sqrt（1−x^2），sqrt（1−x^2））；

≫int（iy，x，−1，1）

结果为

ans＝pi

例 36（广义积分）计算广义积分 $I = \int_{-\infty}^{+\infty} \exp\left(\sin x - \frac{x^2}{50}\right) \mathrm{d}x$.

Matlab 代码为

≫syms x；

≫y＝int（exp（sin（x）−x^2/50），−inf，inf）；

≫vpa（y，10）

结果为

15. 86778263.

5.1.3 实验任务

（1）（不定积分）用 int 命令计算下列不定积分，并用 diff 命令验证.

$$\int x\sin x^2 \mathrm{d}x, \quad \int \frac{\mathrm{d}x}{1+\cos x}, \quad \int \frac{\mathrm{d}x}{\mathrm{e}^x+1}, \quad \int \arcsin x \mathrm{d}x, \quad \int \sec^3 x \mathrm{d}x$$

（2）（定积分）用 trapz，int 命令计算下列定积分.

$$\int_0^1 \frac{\sin x}{x}\mathrm{d}x, \quad \int_0^1 x^x \mathrm{d}x, \quad \int_0^{2\pi} \mathrm{e}^x \sin(2x)\mathrm{d}x, \quad \int_0^1 \mathrm{e}^{-x^2}\mathrm{d}x \int_0^{2\pi} \mathrm{e}^x \int_0^1 \frac{\sin x}{x}\mathrm{d}x,$$

$$\int_0^1 x^x \mathrm{d}x, \quad \int_0^{2\pi} \mathrm{e}^x \sin(2x)\mathrm{d}x, \quad \int_0^1 \mathrm{e}^{-x^2}\mathrm{d}x$$

（3）（椭圆的周长）用定积分的方法计算椭圆 $\dfrac{x^2}{9} + \dfrac{y^2}{4} = 1$ 的周长.

（4）（二重积分）计算积分 $\displaystyle\iint\limits_{x^2+y^2\leqslant 2y} (1+x+y)\mathrm{d}x\mathrm{d}y$.

（5）（广义积分）计算广义积分.

$$\int_{-\infty}^{\infty} \frac{\exp(-x^2)}{1+x^4}\mathrm{d}x, \quad \int_0^1 \frac{\tan(x)}{\sqrt{x}}\mathrm{d}x, \quad \int_0^1 \frac{\sin x}{\sqrt{1-x^2}}\mathrm{d}x$$

5.2 基础建模服务

确定排污水泵的规格

城市社区的生活污水在进行净化处理之前，先要进入一个集中储存的大池子，再通过输水管和水泵流向净化处理设备，这种池子称为污水均流池（污水处理过程示意图见图 4-44）. 生活污水的流速是时刻变化的，于是导致污水均流池的进水流速时刻变化，但出水流速必须相对恒定，以保证后续污水处理装置以比较稳定的状态工作，排污水泵的规格就是根据出水流速来确定的.

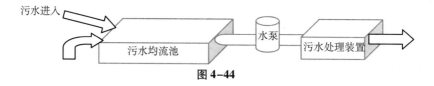

图 4-44

污水处理厂通过调查，得到以小时为单位一天的污水流速，见表 4-1.

表 4-1

时间/h	0	1	2	3	4	5	6	7
流速/(m^3/s)	0.0417	0.0321	0.0236	0.0185	0.0189	0.0199	0.0228	0.0369
时间/h	8	9	10	11	12	13	14	15
流速/(m^3/s)	0.0514	0.0630	0.0685	0.0697	0.0725	0.0754	0.0761	0.0775
时间/h	16	17	18	19	20	21	22	23
流速/(m^3/s)	0.0810	0.0839	0.0863	0.0807	0.0781	0.0690	0.0584	0.0519

分析：

污水流速是时刻变化的，单凭 24 个时刻的流速来估计污水总量存在着很大的误差. 为此，可以化离散为连续，利用离散的数据拟合出进水流速函数，之后通过定积分得到进水总量，再求恒定的出水流速.

求解过程：

（1）画出进水流速的散点图.

使用 Matlab 软件画出进水流速的散点图，观察其变化趋势. 为方便起见，首先把流速单位由 m^3/s 换算为 m^3/h，图形见图 4-45.

命令：t = 0：23；v = v * 3600；

　　　figure（1），plot（t，v，'ro'）；

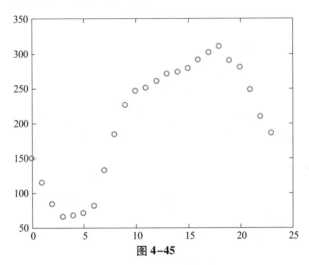

图 4-45

（2）拟合进水流速函数.

根据散点图的趋势，为使拟合函数能够较好地贴近数据，同时又便于分析，可用五次多项式作为拟合函数，拟合得到的进水流速函数为

$f(x) = 136.421 + 43.9475x - 40.524x^2 + 8.5284x^3 - 0.5946x^4 - 0.002172x^5.$

拟合效果见图 4-46.

命令：p = polyfit（t，v，5）；y = polyval（p，t）；

　　　figure（2），plot（t，v，'ro'，t，y，'b'）；

（3）计算恒定出水流速.

在区间 [0，24] 内对进水流速函数进行定积分，得到一天内的污水流入总量 R：

$$R = \int_0^{24} f(x)\,dx = 4864.53.$$

由于污水流出量=流入量，于是可以得到恒定的流出流速：

$$V_{出} = 4864.53/24 = 202.689 \ (m^3/h).$$

命令：syms x

$$f = p（1）*x^5 + p（2）*x^4 + p（3）*x^3 + p（4）*x^2 + p（5）*x + p（6）;$$
$$R = int（f, 0, 24）; \quad V_{出} = R/24;$$

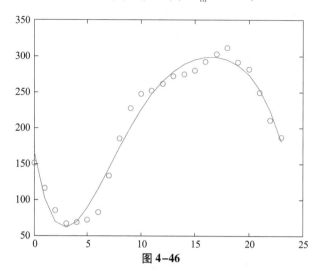

图 4-46

（4）确定排污水泵规格.

目前，常用的排污水泵型号有两种，具体参数见表 4-2.

表 4-2

型号	理论流量/（m³/h）	扬程/m	转速/（r/m）	功率/kW	效率/%	出水口径/mm	总质量/kg	配套控制柜型号	工作流量/（m³/h）
150WQ300-13-22	300	13	970	22	73	150	780	WGZP1-22B	219
200WQ250-7-11	250	7	1460	11	70	200	200	WGZP1-11	175

计算得出的污水恒定流速为 202.689m³/h，对比两种型号的排污水泵，选择第一种型号的排污水泵 150WQ300-13-22，其实际工作流量为 219m³/h，可保证均流池不会溢水.

5.3 重要技能备忘录

5.3.1 基本积分表

（1）$\int k\mathrm{d}x = kx + C$ （k 是常数）；

（2）$\int x^\mu \mathrm{d}x = \dfrac{x^{\mu+1}}{\mu+1} + C$，（$u \neq -1$）；

（3）$\int \dfrac{1}{x}\mathrm{d}x = \ln|x| + C$；

(4) $\int \dfrac{1}{1+x^2}dx = \arctan x + C$;

(5) $\int \dfrac{dx}{\sqrt{1-x^2}} = \arcsin x + C$;

(6) $\int \cos x\,dx = \sin x + C$;

(7) $\int \sin x\,dx = -\cos x + C$;

(8) $\int \dfrac{1}{\cos^2 x}dx = \tan x + C$;

(9) $\int \dfrac{1}{\sin^2 x}dx = -\cot x + C$;

(10) $\int \sec x\tan x\,dx = \sec x + C$;

(11) $\int \csc x\cot x\,dx = -\csc x + C$;

(12) $\int e^x dx = e^x + C$;

(13) $\int a^x dx = \dfrac{a^x}{\ln a} + C$, $(a > 0$, 且 $a \neq 1)$;

(14) $\int \operatorname{sh}x\,dx = \operatorname{ch}x + C$;

(15) $\int \operatorname{ch}x\,dx = \operatorname{sh}x + C$;

(16) $\int \dfrac{1}{a^2+x^2}dx = \dfrac{1}{a}\arctan\dfrac{x}{a} + C$;

(17) $\int \dfrac{1}{x^2-a^2}dx = \dfrac{1}{2a}\ln\left|\dfrac{x-a}{x+a}\right| + C$;

(18) $\int \dfrac{1}{\sqrt{a^2-x^2}}dx = \arcsin\dfrac{x}{a} + C$;

(19) $\int \dfrac{1}{\sqrt{a^2+x^2}}dx = \ln(x + \sqrt{a^2+x^2}) + C$;

(20) $\int \dfrac{dx}{\sqrt{x^2-a^2}} = \ln\left|x + \sqrt{x^2-a^2}\right| + C$;

(21) $\int \tan x\,dx = -\ln|\cos x| + C$;

(22) $\int \cot x\,dx = \ln|\sin x| + C$;

(23) $\int \sec x\,dx = \ln|\sec x + \tan x| + C$;

(24) $\int \csc x\,dx = \ln|\csc x - \cot x| + C.$

注：①从导数基本公式可得前 15 个积分公式，公式（16）～（24）请于课后自行证明.

②以上公式把 x 换成 u 仍成立，u 是以 x 为自变量的函数.

③复习三角函数公式：

$$\sin^2 x + \cos^2 x = 1, \quad \tan^2 x + 1 = \sec^2 x, \quad \sin 2x = 2\sin x \cos x,$$

$$\cos^2 x = \frac{1 + \cos 2x}{2}, \quad \sin^2 x = \frac{1 - \cos 2x}{2}.$$

5.3.2 常用凑微分公式

常用凑微分公式见表 4-3.

表 4-3

	积分类型	换元公式
第一换元积分法	1. $\int f(ax + b)\,\mathrm{d}x = \frac{1}{a}\int f(ax + b)\,\mathrm{d}(ax + b)\,(a \neq 0)$	$u = ax + b$
	2. $\int f(x^{\mu})x^{\mu-1}\,\mathrm{d}x = \frac{1}{\mu}\int f(x^{\mu})\,\mathrm{d}(x^{\mu})\quad(\mu \neq 0)$	$u = x^{\mu}$
	3. $\int f(\ln x)\cdot\frac{1}{x}\,\mathrm{d}x = \int f(\ln x)\,\mathrm{d}(\ln x)$	$u = \ln x$
	4. $\int f(\mathrm{e}^x)\cdot\mathrm{e}^x\,\mathrm{d}x = \int f(\mathrm{e}^x)\,\mathrm{d}\mathrm{e}^x$	$u = \mathrm{e}^x$
	5. $\int f(a^x)\cdot a^x\,\mathrm{d}x = \frac{1}{\ln a}\int f(a^x)\,\mathrm{d}a^x$	$u = a^x$
	6. $\int f(\sin x)\cdot\cos x\,\mathrm{d}x = \int f(\sin x)\,\mathrm{d}\sin x$	$u = \sin x$
	7. $\int f(\cos x)\cdot\sin x\,\mathrm{d}x = -\int f(\cos x)\,\mathrm{d}\cos x$	$u = \cos x$
	8. $\int f(\tan x)\sec^2 x\,\mathrm{d}x = \int f(\tan x)\,\mathrm{d}\tan x$	$u = \tan x$
	9. $\int f(\cot x)\csc^2 x\,\mathrm{d}x = -\int f(\cot x)\,\mathrm{d}\cot x$	$u = \cot x$
	10. $\int f(\arctan x)\frac{1}{1 + x^2}\,\mathrm{d}x = \int f(\arctan x)\,\mathrm{d}(\arctan x)$	$u = \arctan x$
	11. $\int f(\arcsin x)\frac{1}{\sqrt{1 - x^2}}\,\mathrm{d}x = \int f(\arcsin x)\,\mathrm{d}(\arcsin x)$	$u = \arcsin x$

"E" 随行

自主检测四

一、填空题

（1）若 $f(x)$ 的一个原函数为 $\ln x^2$，则 $f(x) = $ _____.

（2）若 $\int f(x)\,\mathrm{d}x = \sin 2x + c$，则 $f(x)$ _____.

（3）若 $\int \cos x\,\mathrm{d}x = $ _____.

(4) $\int \mathrm{d}\mathrm{e}^{-x^2} = $ _____.

(5) $\int (\sin x)' \mathrm{d}x = $ _____.

(6) 若 $\int f(x)\mathrm{d}x = F(x) + c$，则 $\int f(2x - 3)\mathrm{d}x = $ _____.

(7) 若 $\int f(x)\mathrm{d}x = F(x) + c$，则 $\int x f(1 - x^2)\mathrm{d}x = $ _____.

(8) $\int_{-1}^{1} (\sin x \cos 2x - x^2 + x)\mathrm{d}x = $ _____.

(9) $\dfrac{\mathrm{d}}{\mathrm{d}x} \int_{1}^{e} \ln(x^2 + 1)\mathrm{d}x = $ _____.

(10) $\int_{-\infty}^{0} \mathrm{e}^{2x}\mathrm{d}x = $ _____.

二、单项选择题

(1) 下列等式成立的是 （ ）.

A. $\mathrm{d}\int f(x)\mathrm{d}x = f(x)$

B. $\int f'(x)\mathrm{d}x = f(x)$

C. $\dfrac{\mathrm{d}}{\mathrm{d}x} \int f(x)\mathrm{d}x = f(x)$

D. $\int \mathrm{d}f(x) = f(x)$

(2) 以下等式成立的是 （ ）.

A. $\ln x\mathrm{d}x = \mathrm{d}(\dfrac{1}{x})$

B. $\sin x\mathrm{d}x = \mathrm{d}(\cos x)$

C. $\dfrac{\mathrm{d}x}{\sqrt{x}} = \mathrm{d}\sqrt{x}$

D. $3^x\mathrm{d}x = \dfrac{\mathrm{d}3^x}{\ln 3}$

(3) $\int x f''(x)\mathrm{d}x = $ （ ）.

A. $x f'(x) - f(x) + c$

B. $x f'(x) + c$

C. $\dfrac{1}{2}x^2 f'(x) + c$

D. $(x + 1)f'(x) + c$

(4) 下列定积分中积分值为 0 的是 （ ）.

A. $\int_{-1}^{1} \dfrac{\mathrm{e}^x - \mathrm{e}^{-x}}{2}\mathrm{d}x$

B. $\int_{-1}^{1} \dfrac{\mathrm{e}^x + \mathrm{e}^{-x}}{2}\mathrm{d}x$

C. $\int_{-\pi}^{\pi} (x^3 + \cos x)\mathrm{d}x$

D. $\int_{-\pi}^{\pi} (x^2 + \sin x)\mathrm{d}x$

(5) 设 $f(x)$ 是连续的奇函数，则定积分 $\int_{-a}^{a} f(x)\mathrm{d}x = $ （ ）.

A. 0

B. $\int_{-a}^{0} f(x)\mathrm{d}x$

C. $\int_{0}^{a} f(x)\mathrm{d}x$

D. $2\int_{-a}^{0} f(x)\mathrm{d}x$

(6) 下列无穷积分收敛的是 （ ）.

A. $\int_0^{+\infty} \sin x \, dx$　　　　　　　　B. $\int_1^{+\infty} \dfrac{1}{\sqrt{x}} \, dx$

C. $\int_1^{+\infty} \dfrac{1}{x} \, dx$　　　　　　　　D. $\int_0^{+\infty} e^{-2x} \, dx$

三、计算题

（1）$\int (2x-1)^{10} \, dx$；　　　　　　　（2）$\int \dfrac{\sin \dfrac{1}{x}}{x^2} \, dx$；

（3）$\int \dfrac{e^{\sqrt{x}}}{\sqrt{x}} \, dx$；　　　　　　　（4）$\int_0^{\ln 2} e^x (4+e^x)^2 \, dx$；

（5）$\int_1^e \dfrac{1+5\ln x}{x} \, dx$；　　　　　　（6）$\int_0^1 x e^x \, dx$；

（7）$\int_0^{\frac{\pi}{2}} x \sin x \, dx$.

四、应用题

（1）求抛物线 $y^2 = 2x$ 与直线 $y = x - 4$ 所围成的图形（图 4-47）的面积.

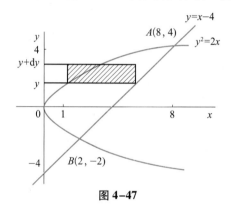

图 4-47

（2）求由抛物线 $y = \sqrt{x}$ 与直线 $y = 0$、$y = 1$ 和 y 轴围成的平面图形绕 y 轴旋转而成的旋转体的体积（图 4-48）.

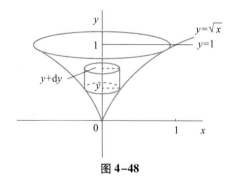

图 4-48

5.4 拓展服务

数学文化 Show：莱布尼兹与微积分

17世纪下半叶，欧洲科学技术迅猛发展，由于生产力的提高和社会各方面的迫切需要，经各国科学家的努力与积累，建立在函数与极限概念基础上的微积分理论应运而生了．微积分思想，最早可以追溯到古希腊由阿基米德等人提出的计算面积和体积的方法．1665年牛顿始创了微积分，莱布尼兹在1673—1676年间也发表了微积分思想的论著．以前，微分和积分作为两种数学运算、两类数学问题，是分别加以研究的．卡瓦列里、巴罗、沃利斯等人得到了一系列求面积（积分）、求切线斜率（导数）的重要结果，但这些结果都是孤立的、不连贯的．只有莱布尼兹和牛顿将积分和微分真正沟通起来，明确地找到了两者内在的直接联系．

微分和积分是互逆的两种运算，这是微积分建立的关键所在．只有确立了这一基本关系，才能在此基础上构建系统的微积分学，并从对各种函数的微分和求积公式中，总结出共同的算法程序，使微积分方法普遍化，发展成用符号表示的微积分运算法则．因此，微积分是牛顿和莱布尼兹大体上完成的．

然而关于微积分创立的优先权，数学上曾掀起了一场激烈的争论．实际上，牛顿在微积分方面的研究虽早于莱布尼兹，但莱布尼兹成果的发表却早于牛顿．莱布尼兹在1684年10月发表《教师学报》上的论文——《一种求极大极小的奇妙类型的计算》，在数学史上被认为是最早发表的微积分文献．牛顿在1687年出版的《自然哲学的数学原理》的第一版写道："十年前，在我和最杰出的几何学家莱布尼兹的通信中，我表明我已经知道确定极大值和极小值的方法、作切线的方法及类似的方法，但我在交换的信件中隐瞒了这方法，……，这位最卓越的几何学家在回信中写道，他也发现了一种同样的方法．他叙述了他的方法，它与我的方法几乎没有什么不同，除了他的措辞和符号而外"．因此，后来人们公认牛顿和莱布尼兹是各自独立地创建微积分的．

牛顿从物理学出发，运用集合方法研究微积分，其应用上更多地结合了运动学，造诣高于莱布尼兹．莱布尼兹则从几何问题出发，运用分析学方法引进微积分概念，得出运算法则，其数学的严密性与系统性是牛顿所不及的．莱布尼兹认识到好的数学符号能节省思维劳动，运用符号的技巧是数学成功的关键之一．因此，他发明了一套适用的符号系统，如，引入 dx 表示 x 的微分，用 $\int$ 表示积分，$d^n x$ 表示 n 阶微分等等．这些符号进一步促进了微积分学的发展．1713年，莱布尼兹发表了《微积分的历史和起源》一文，总结了自己创立微积分学的思路，说明了自己成就的独立性．

第五单元 微分方程初步

第一部分 单元导读

5-1 单元导读

教学目的

（1）了解微分方程及其解、阶、通解、初始条件等概念.

（2）熟练掌握变量可分离的微分方程及一阶线性微分方程的解法.

（3）会解齐次微分方程，会用简单的变量代换解某些微分方程.

（4）会用降阶法解微分方程 $y^{(n)}=f(x)$，$y''=f(x,y')$ 和 $y''=f(y,y')$.

（5）掌握二阶常系数齐次线性微分方程的解法，并会解某些高于二阶的常系数齐次线性微分方程.

（6）会用微分方程（或方程组）解决一些简单的应用问题.

教学重点

（1）可分离的微分方程及一阶线性微分方程的解法.

（2）二阶常系数齐次线性微分方程的解法.

（3）降阶法解微分方程.

教学难点

（1）齐次微分方程.

（2）线性微分方程解的性质及解的结构定理.

微分方程先生引导图见图 5-1.

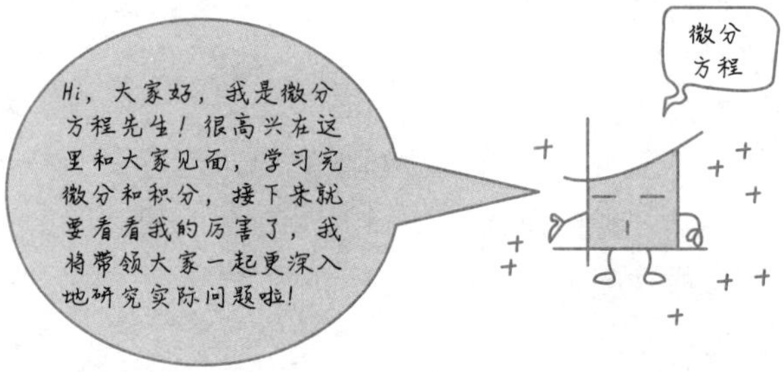

Hi，大家好，我是微分方程先生！很高兴在这里和大家见面，学习完微分和积分，接下来就要看看我的厉害了，我将带领大家一起更深入地研究实际问题啦！

微分方程

图 5-1

169

第二部分　数学文化与生活

2.1　"微分方程"里的故事

5-2 微分方程
生活引例

人类关于太空的想象和探索是一直没有停止的，这类的电影如《星际穿越》《地心引力》《星际迷航》等，深受大家的喜爱．但是，如果真的有这么一个机会让你移民到火星（图5-2），而且比较悲壮的是，你再也回不到地球上来了，你会愿意么？

图 5-2

在人类探索太空的过程中，很多复杂的科学问题需要得到解决．例如，如何使飞行器在其他星球上能够安全地着陆？科学家们要如何推算出载人的登月体应该满足的条件呢？在估算至少需要多大的初速度才能把登月体发射到月球上去时，我们要考虑速度的变化率问题，而这个变化率即同本单元将介绍的微分方程紧密相关．

2.2　无处不在的微分方程

2.2.1　你听说过这样的实际问题吗

1. 我一定要安全"着陆"啊

从地球向月球发射登月体，如果发射体的初速度过小，由于地球的引力作用就会被吸引回来，即发射不上去；而如果发射体的初速度过大，势必造成浪费，同时登月体与月球会发生剧烈的碰撞而损坏，即无法安全着陆．那么，至少需要多大的初速度才能将月体发射成功呢？（图5-3）

根据牛顿第二定律：$m\dfrac{\mathrm{d}v}{\mathrm{d}t}=-f_e+f_m$.

承载中华民族的探月梦，荣耀中华儿女的强国梦

图 5-3

2. 人口数量增长如此之快吗

人口增长问题是当今世界上最受关注的问题之一．在许多媒体上，我们都可以看到各种各样关于人口增长的预报，但你是否曾对这些预报做过比较．假如你曾做过比较，你一定会发现：不同媒体对同一段时间内人口增长的预报可能会存在着较大的差别．发生这一现象的原因就在于它们采用了不同的人口模型作为预测的依据．下面我们将考察几个不同的人口模型，希望能揭开这个谜底．（图 5-4）

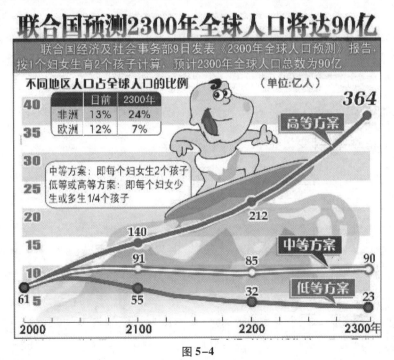

图 5-4

为了便于表述，我们先做如下假设：用 $x(t)$ 表示 t 时刻的人口数量．在这里我

们将不区分人口在年龄、性别上的差异. 严格地说，人口总数中个体的数目是时间 t 的不连续函数，但由于人口数量一般很大，我们不妨近似地认为 $x(t)$ 是 t 的一个连续可微函数. $x(t)$ 的变化与出生、死亡、迁入和迁出等因素有关，若用 B、D、I 和 E 分别表示人口的出生率、死亡率、迁入率和迁出率，并假设它们都是常数，则人口增长的一般模型是

$$\begin{cases} \dfrac{dx}{dt} = (B - D + I - E)x \\ x(t_0) = x_0 \end{cases} \quad （马尔萨斯模型）$$

3. 如何判断是饮酒驾车还是醉酒驾车呢

全国道路交通事故死亡人数中，饮酒驾车造成的占有相当比例，为此，国家发布了新的《车辆驾驶人员血液、呼气酒精含量阈值与检验》国家标准. 该标准规定车辆驾驶人员血液中的酒精含量大于或等于 20mg/百毫升且小于 80mg/百毫升为饮酒驾车，血液中的酒精含量大于或等于 80mg/百毫升为醉酒驾车.

大李在中午 12 点喝了一瓶啤酒，下午 6 点检查时没有违反上述标准，当天晚上又喝了一瓶啤酒，但第二天凌晨 2 点检查时却被定为饮酒驾车，为什么喝同样多的酒，两次检查结果却不一样？

建立饮酒后血液中酒精含量与时间关系的数学模型，并讨论快速或慢速饮 3 瓶啤酒在多长时间内驾车就会违反上述标准？估计血液中的酒精含量在什么时间最高？如果某人天天喝酒，是否还能开车？随着时间的变化怎么判断是饮酒驾车还是醉酒驾车呢？

虽然酒精在人体内的分布状况复杂，但酒精的吸收、分解等则都在人体系统内部进行，酒精进入人体后，经一段时间进入血液，进入血液后，当在血液中达最高浓度后开始逐渐消除. 把酒精在人体内的代谢过程看作进与出的过程，这样便会使问题得到简化. 用 $\left(\dfrac{dx}{dt}\right)_{in}$ 和 $\left(\dfrac{dx}{dt}\right)_{out}$ 分别表示酒精输入速率和输出速率. 由于单位时间内血液中酒精的改变即变化率等于输入与输出速率之差，所以其动力学模型为

$$\frac{dx}{dt} = \left(\frac{dx}{dt}\right)_{in} - \left(\frac{dx}{dt}\right)_{out}.$$

4. 交通信号灯中黄灯亮多久才合适呢

在十字路口的交通管理中，亮红灯之前，要亮一段时间的黄灯；这是为了让那些正行驶在十字路口的驾驶人员注意，告诉他们红灯即将亮起. 假如你驾驶的车辆能够停住，应当马上刹车，以免闯红灯违反交通规则. 这里我们不妨想一下：黄灯应当亮多久才比较合适？

停车时，驾驶员踩动刹车踏板产生一种摩擦力，该摩擦力使汽车减速并最终停下. 设汽车质量为 m，刹车摩擦系数为 f，$x(t)$ 为刹车后在 t 时段内行驶的距离，根据刹车规律，可假设刹车制动力为 fmg（g 为重力加速度）. 由牛顿第二定律，刹车过程中车辆应满足下列运动方程.

$$\begin{cases} m\dfrac{\mathrm{d}^2x}{\mathrm{d}t^2} = -fmg \\ x(0) = 0, \ \dfrac{\mathrm{d}x}{\mathrm{d}t}\Big|_{t=0} = v_0 \end{cases}$$

5. 雪是什么时候下的呢

一个冬天的早晨，天空开始下雪，整天不停，且以恒定速率不断下雪．一台扫雪机从上午 8 点开始在公路上扫雪（图 5-5），到 9 点前进了 2km，到 10 点前进了 3km．假定扫雪机每小时扫去积雪的体积为常数，问何时开始下雪？

图 5-5

设 $h(t)$ 为开始下雪起到 t 时刻时积雪深度，设 $x(t)$ 为扫雪机从下雪开始起到 t 时刻走过的距离，假设扫雪机前进的速度与雪的厚度成反比，反比例系数为 k．记上午 8 点时 $t=0$，则有

$$\begin{cases} \dfrac{\mathrm{d}h(t)}{\mathrm{d}t} = C \\ \dfrac{\mathrm{d}x}{\mathrm{d}t} = \dfrac{k}{h} \\ x(0) = 0, \ x(1) = 2, \ x(2) = 3 \end{cases}$$

6. 你想减肥成功吗

随着社会的进步和发展，人们的生活水平在不断提高，饮食营养摄入量的改善和变化、生活方式的改变，使得肥胖成了社会关注的一个问题．为此，联合国世界卫生组织曾颁布人体体重指数（简记 BMI）：体重（单位 kg）除以身高（单位 m）的平方．规定 BMI 在 18.5 至 25 为正常，大于 25 为超重，超过 30 则为肥胖．据悉，我国有关机构针对东方人的特点，拟将上述规定中的 25 改为 24，30 改为 29．无论从健康的角度，还是从审美的角度，人们越来越重视减肥，从而出现了大量的减肥机构和商品．不少自感肥胖的人加入了减肥的行列，可是盲目地减肥，只能减肥一时，那么如何科学减轻体重并保持下去？这就要建立一个体重变化规律模型，由此需要制订有效的减肥计划并通过合理的节食与运动进行减肥．

假设：D 为脂肪的能量转化系数；$W(t)$ 为人体的体重关于时间 t 的函数；r 为每千克体重每小时运动所消耗的能量（kcal/kg）/h；b 为每千克体重每小时所消耗的能量（kcal/kg）/h；A 为平均每小时摄入的能量.

按照能量的平衡原理，任何时间段内由于体重的改变所引起的人体内能量的变化应该等于这段时间内摄入的能量与消耗的能量之差.

我们选取某一段时间 $(t, t + \Delta t)$，在 $(t, t + \Delta t)$ 内考虑能量的改变.

设体重改变对应的能量变化为 ΔW，则有

$$\Delta W = [W(t + \Delta t) - W(t)]D.$$

设摄入与消耗的能量之差为 ΔM，则有

$$\Delta M = [A - (b + r)W(t)]\Delta t.$$

根据能量平衡原理，有

$$\Delta W = \Delta M.$$

即

$$[W(t + \Delta t) - W(t)]D = [A - (b + r)W(t)]\Delta t.$$

取 $\Delta t \to 0$，可得

$$\begin{cases} \dfrac{dW}{dt} = a - dW \\ W(0) = W_0 \end{cases}. \qquad （减肥问题的数学模型）$$

其中，$a = A/D$，$d = (b + r)/D$，$t = 0$（模型开始考察时刻）.

2.2.2 解微分方程，提前预告

看看生活中减肥的问题吧！

问题：某女士每天摄入 2500kcal 的食物，1200kcal 用于基础新陈代谢（即自动消耗），并以每千克体重消耗 16kcal 用于日常锻炼，其他的热量转化为身体的脂肪（设 10000kcal 食物可转换成 1kg 脂肪）. 在星期天晚上她的体重是 57.1526kg，周四她饱餐了一顿，共摄入 3500kcal 的食物. 问：估计她在周六时的体重是多少？为了不增加体重，每天她最多的摄入量是多少？

怎么样？对于爱美的女生一定很想知道答案吧！请仔细考虑，待会儿公布答案.

期待中……

答案：该女士周六的体重是 57.4827kg，最多摄入 2114kcal 的食物.

呀！长肉啦！看来要把体重控制住必须和"吃货"拜拜了. 这是怎么计算出来的？这里就运用到了微分方程模型和一阶微分方程的求解.

解：设该女士的体重为 $w(t)$，每天纯摄入量为 β，时间从周日晚上开始.

建立微分方程为 $\begin{cases} \dfrac{dw}{dt} = \dfrac{1300 - 16w}{10000} \\ w(0) = 57.1526 \end{cases}$，其中 $1300 = 2500 - 1200$，解微分方程，得

$$w(t) = 81.25 - 24.097\mathrm{e}^{-0.0016t} \tag{1}$$

把初始条件代入式（1）得到 $w(3) = 57.2680$.

其微分方程为 $\begin{cases} \dfrac{\mathrm{d}w}{\mathrm{d}t} = \dfrac{2300 - 16w}{10000} \\ w(3) = 57.2680 \end{cases}$，解此方程，得其解为

$$w(t) = 143.75 - 86.8981\mathrm{e}^{-0.0016t} \tag{2}$$

在 $t = 4$ 时，纯摄入量改变了 $\Delta\beta = 2300$，再把条件代入计算出 $w(4) = 57.4063$.

在 $t > 4$ 时，纯摄入量改变了 $\Delta\beta = 1300$，再建立微分方程为

$$\begin{cases} \dfrac{\mathrm{d}w}{\mathrm{d}t} = \dfrac{1300 - 16w}{10000} \\ w(4) = 57.4063 \end{cases}.$$

解此微分方程，得其解为

$$w(t) = 81.25 - 23.9918\mathrm{e}^{-0.0016t}. \tag{3}$$

把 $t=6$ 代入式（3），得

$$w(6) = 57.4827.$$

所以，这位女士在周六的体重为 57.4827kg.

若不想增加体重，即 $\beta - 16w(0) = 0$，所以食物的摄入量 $\beta = 1200 + 16 \times 57.1526 = 2114$kcal.

明白了吧！这就是学习微分方程的重要性，减肥不可盲目，也不能不吃饭，要科学理性地减肥.

2.2.3 微分方程的重要性

从上面的案例可以看出，微分方程是伴随着微积分的产生和发展成长起来的一门学科. 微分方程是从物质社会科学走向数学科学世界的桥梁，它广泛应用在物理学、工程学、力学、经济学、生物学、医学、军事等诸多领域中，是解决实际问题的有力工具. 那么，如何使用微分方程解决问题呢？其具体做法：首先要对实际问题做具体分析，然后利用已有规律或者模拟，或近似得到各个因素变化率之间的关系，从而建立一个微分方程.

由案例中可知：解决问题的关键是要建立一个微分方程. 如何建立微分方程？常见的方法有以下几种.

（1）按规律直接列方程.

在数学、力学、物理学、化学等学科中许多自然现象所满足的规律已为人们所熟悉，并直接由微分方程所描述. 如牛顿第二定律、放射性物质的放射性规律等. 我们常利用这些规律对某些实际问题列出微分方程.

（2）微元分析法与任意区域上取积分的方法.

自然界中也有许多现象所满足的规律是通过变量的微元之间的关系式来表达的. 对于这类问题，我们不能直接列出自变量和未知函数及其变化率之间的关系式，而是通过微元分析法，利用已知的规律建立一些变量（自变量与未知函数）

的微元之间的关系式，然后再通过取极限的方法得到微分方程，或等价地通过任意区域上取积分的方法来建立微分方程.

（3）模拟近似法.

在生物学、经济学等学科中，许多现象所满足的规律并不很清楚而且相当复杂，因而需要根据实际资料或大量的实验数据，提出各种假设. 在一定的假设下，给出实际现象所满足的规律，然后利用适当的数学方法列出微分方程.

其实在实际问题中，也往往是上述方法的综合应用. 不论应用哪种方法，通常要根据实际情况，做出一定的假设与简化，并将模型理论或计算结果与实际情况进行对照验证，以修改模型使之更准确地描述实际问题，进而达到预测或预报的目的.

有了微分方程这把利器，你可以所向披靡，可以解决登月问题、人口问题、交通信号灯问题、减肥问题等.

第三部分　知识纵横——微分方程之旅

 导游示意图

在本单元中，我们将学习微分方程的基本概念，可分离变量微分方程的定义及其解法，一阶线性微分方程的定义及其解法，二阶线性微分方程的定义及其解法，利用微分方程解决实际问题. 本单元导游示意图见图5-6.

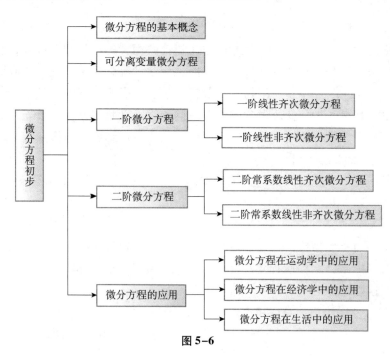

图5-6

3.1 微分方程的基本概念

看看下面的漫画图（图5-7），对比以前学习过的方程和微分方程有什么区别？

图5-7

　　函数是客观事物的内部联系在数量方面的反映，利用函数关系又可以对客观事物的规律性进行研究．因此如何寻找出所需要的函数关系，在实践中具有重要意义．在许多问题中，往往不能直接找出所需要的函数关系，但是根据问题所提供的情况，有时可以列出含有要找的函数及其导数的关系式．这样的关系式就是所谓的微分方程．微分方程建立以后，对它进行研究，找出未知函数，这就是解微分方程．

　　1. 先看几个例子

　　引例1　一条曲线通过点（1，2），且在该曲线上任一点 M（x，y）处的切线的斜率为 $2x$，求该曲线的方程．

5-3 认识微分方程

　　解：设所求曲线的方程为 $y = y(x)$．根据导数的几何意义，可知未知函数 $y = y(x)$ 应满足关系式（称为微分方程）

$$\frac{\mathrm{d}y}{\mathrm{d}x} = 2x. \tag{1}$$

此外，未知函数 $y = y(x)$ 还应满足下列条件：

$$x = 1 \text{ 时，} y = 2, \quad \text{简记为 } y\big|_{x=1} = 2. \tag{2}$$

对式（1）两端积分，得（称为微分方程的通解）

$$y = \int 2x\mathrm{d}x, \quad \text{即 } y = x^2 + C, \tag{3}$$

其中，C 是任意常数．

把条件"$x=1$ 时，$y=2$"代入式（3），得

$$2 = 1^2 + C,$$

由此得出 $C=1$. 把 $C=1$ 代入式（3），得所求曲线方程（称为微分方程满足条件 $y|_{x=1}=2$ 的解）

$$y = x^2 + 1.$$

引例 2　列车在平直线路上以 20m/s（相当于 72km/h）的速度行驶，制动时列车获得加速度 -0.4m/s^2. 问开始制动后多长时间列车才能停住，以及列车在这段时间里行驶了多少路程？

解：设列车在开始制动后 t 秒时行驶了 s 米. 根据题意，反映制动阶段列车运动规律的函数 $s=s(t)$ 应满足关系式

$$\frac{\mathrm{d}^2 s}{\mathrm{d} t^2} = -0.4 \tag{4}$$

此外，未知函数 $s=s(t)$ 还应满足下列条件：

$$t=0 \text{ 时，} s=0, \ v=\frac{\mathrm{d}s}{\mathrm{d}t}=20, \text{ 简记为 } s|_{t=0}=0, \ s'|_{t=0}=20. \tag{5}$$

对式（4）两端积分一次，得

$$v = \frac{\mathrm{d}s}{\mathrm{d}t} = -0.4t + C_1. \tag{6}$$

再积分一次，得

$$s = -0.2t^2 + C_1 t + C_2, \tag{7}$$

这里 C_1，C_2 都是任意常数.

把条件 $s'|_{t=0}=20$ 代入式（6），得 $20=C_1$.

把条件 $s|_{t=0}=0$ 代入式（7），得 $0=C_2$.

把 C_1，C_2 的值代入式（6）及式（7），得

$$v = -0.4t + 20, \tag{8}$$

$$s = -0.2t^2 + 20t. \tag{9}$$

在式（8）中令 $v=0$，得到列车从开始制动到完全停住所需的时间：

$$t = \frac{20}{0.4} = 50 \ (\text{s}).$$

再把 $t=50$ 代入式（9），得到列车在制动阶段行驶的路程：

$$s = -0.2 \times 50^2 + 20 \times 50 = 500 \ (\text{m}).$$

2. 相关概念

微分方程：表示未知函数、未知函数的导数与自变量之间的关系的方程，叫作微分方程.

常微分方程：未知函数是一元函数的微分方程，叫作常微分方程.

偏微分方程：未知函数是多元函数的微分方程，叫作偏微分方程.

微分方程的阶：微分方程中所出现的未知函数的最高阶导数的阶数，叫作微分方程的阶.

例如，$x^3y''' + x^2y'' - 4xy' = 3x^2$ 是三阶微分方程，$y^{(4)} - 4y''' + 10y'' - 12y' + 5y = \sin 2x$ 是四阶微分方程，$y^{(n)} + 1 = 0$ 是 n 阶微分方程.

一般 n 阶微分方程为

$$F(x, y, y', \cdots, y^{(n)}) = 0,$$

$$y^{(n)} = f(x, y, y', \cdots, y^{(n-1)}).$$

5-4 一阶微分方程

微分方程的解：满足微分方程的函数（把函数代入微分方程能使该方程成为恒等式）叫作该微分方程的解. 确切地说，设函数 $y = \varphi(x)$ 在区间 I 上有 n 阶连续导数，如果在区间 I 上，

$$F[x, \varphi(x), \varphi'(x), \cdots, \varphi^{(n)}(x)] = 0,$$

那么函数 $y = \varphi(x)$ 就叫作微分方程 $F(x, y, y', \cdots, y^{(n)}) = 0$ 在区间 I 上的解.

通解：如果微分方程的解中含有任意常数，且任意常数的个数与微分方程的阶数相同，这样的解叫作微分方程的通解.

初始条件：用于确定通解中任意常数的条件，称为初始条件. 如

$$x = x_0 \text{ 时}, \quad y = y_0, \quad y' = y'_0.$$

一般写成

$$y\big|_{x=x_0} = y_0, \quad y'\big|_{x=x_0} = y'_0.$$

5-5 小游戏——
认识微分方程

特解：确定了通解中的任意常数后，所得到的微分方程的解称为微分方程的特解，即不含任意常数的解.

初值问题：求微分方程满足初始条件的解的问题称为初值问题.

如求微分方程 $y' = f(x, y)$ 满足初始条件 $y\big|_{x=x_0} = y_0$ 的解的问题，记为

$$\begin{cases} y' = f(x, y) \\ y\big|_{x=x_0} = y_0 \end{cases}.$$

积分曲线：微分方程的解的图形是一条曲线，叫作微分方程的积分曲线.

例1 $\dfrac{dy}{dx} = 3x^2y$ 　　　　　　(1)

$dy = xe^x dx$ 　　　　　　(2)

$y'' + y' - 2y = 0$ 　　　(3)

$\dfrac{d^2y}{dx^2} = 5x - 2$ 　　　　(4)

代表阶数

等都是微分方程.

方程（1）、（2）是一阶微分方程；方程（3）、（4）是二阶微分方程.

例2 验证：函数 $x = C_1 \cos kt + C_2 \sin kt$ 是微分方程 $\dfrac{d^2x}{dt^2} + k^2x = 0$ 的解.

5-6 小游戏——
微分方程的阶数

解：求所给函数的导数

$$\frac{dx}{dt} = -kC_1 \sin kt + kC_2 \cos kt,$$

第五单元

$$\frac{\mathrm{d}^2x}{\mathrm{d}t^2} = -k^2C_1\cos kt - k^2C_2\sin kt = -k^2(C_1\cos kt + C_2\sin kt).$$

将 $\dfrac{\mathrm{d}^2x}{\mathrm{d}t^2}$ 及 x 的表达式代入所给方程, 得

$$-k^2(C_1\cos kt + C_2\sin kt) + k^2(C_1\cos kt + C_2\sin kt) \equiv 0.$$

这表明函数 $x = C_1\cos kt + C_2\sin kt$ 满足方程 $\dfrac{\mathrm{d}^2x}{\mathrm{d}t^2} + k^2x = 0$, 因此所给函数是微分方程的解.

技巧点拨

(1) 微分方程里的未知函数是 y, 而不是 x.
(2) 寻找变量与其瞬间变化量之间的关系式就是建立微分方程.
(3) 注意阶数的书写形式.

能力操练 3.1

(1) 一物体以初速度 v_0 垂直上抛, 设此物体的运动只受重力作用, 试确定该物体运动路程 s 与时间 t 的函数关系.

(2) 一滴球形雨滴, 以与它表面积成正比的速度蒸发, 求其体积 V 与时间 t 的关系式.

(3) 加热后的物体在空气中冷却的速度与每一瞬时物体温度与空气温度之差成正比, 试确定物体温度与时间的关系.

微分方程的应用非常广泛, 所以不同类型的微分方程就对应有不同的解法, 接下来具体研究一下. (图 5-8)

图 5-8

3.2　可分离变量的微分方程

　观察与分析

引例 3　求微分方程 $y' = 2x$ 的通解. 对方程两边积分, 得
$$y = x^2 + C.$$

一般地, 方程 $y' = f(x)$ 的通解为 $y = \int f(x)\mathrm{d}x + C$ (此处积分后不再加任意常数).

引例 4　求微分方程 $y' = 2xy^2$ 的通解.

因为 y 是未知的, 所以积分 $\int 2xy^2\mathrm{d}x$ 无法进行, 方程两边直接积分不能求出通解.

为求通解可将方程变换为 $\dfrac{1}{y^2}\mathrm{d}y = 2x\mathrm{d}x$, 再对等号两边积分, 得

$$-\frac{1}{y} = x^2 + C, \quad \text{或 } y = -\frac{1}{x^2 + C}.$$

可以验证函数 $y = -\dfrac{1}{x^2 + C}$ 是原方程的通解.

小结: 一般地, 如果一阶微分方程 $y' = \varphi(x, y)$ 可写为
$$g(y)\mathrm{d}y = f(x)\mathrm{d}x$$
的形式, 则对两边积分可得一个不含未知函数的导数的方程
$$G(y) = F(x) + C,$$
由方程 $G(y) = F(x) + C$ 所确定的隐函数就是原方程的通解.

如果一个一阶微分方程可写为
$$g(y)\mathrm{d}y = f(x)\mathrm{d}x(\text{或写为 } y' = \varphi(x)\ \psi(y))$$
的形式, 就是说, 能把微分方程写成一端只含 y 的函数和 $\mathrm{d}y$, 另一端只含 x 的函数和 $\mathrm{d}x$, 那么该方程就称为**可分离变量的微分方程**.

例 3　下列方程中哪些是可分离变量的微分方程?

(1) $y' = 2xy$, 　　　　　　　是. $\Rightarrow y^{-1}\mathrm{d}y = 2x\mathrm{d}x.$

(2) $3x^2 + 5x - y' = 0$, 　　是. $\Rightarrow \mathrm{d}y = (3x^2 + 5x)\mathrm{d}x.$

(3) $(x^2 + y^2)\mathrm{d}x - xy\mathrm{d}y = 0$, 不是.

(4) $y' = 1 + x + y^2 + xy^2$, 　是. $\Rightarrow \dfrac{1}{1 + y^2}\mathrm{d}y = (1 + x)\mathrm{d}x.$

(5) $y' = 10^{x+y}$, 　　　　　是. $\Rightarrow 10^{-y}\mathrm{d}y = 10^x\mathrm{d}x.$

(6) $y' = \dfrac{x}{y} + \dfrac{y}{x}$, 　　　　不是.

可分离变量的微分方程的解法:

第一步　分离变量, 将方程写成 $g(y)\mathrm{d}y = f(x)\mathrm{d}x$ 的形式;

第二步　两端积分, $\int g(y)\mathrm{d}y = \int f(x)\mathrm{d}x$, 设积分后得 $G(y) = F(x) + C$;

第三步 求出由 $G(y) = F(x) + C$ 所确定的隐函数 $y = \Phi(x)$ 或 $x = \Psi(y)$.

$G(y) = F(x) + C$，$y = \Phi(x)$ 或 $x = \Psi(y)$ 都是方程的通解，其中 $G(y) = F(x) + C$ 称为隐式（通）解.

例 4 求微分方程 $\dfrac{\mathrm{d}y}{\mathrm{d}x} = 2xy$ 的通解.

解： 此方程为可分离变量方程，分离变量后得

$$\frac{1}{y}\mathrm{d}y = 2x\mathrm{d}x.$$

对两边积分，得

$$\int \frac{1}{y}\mathrm{d}y = \int 2x\mathrm{d}x,$$

即

$$\ln|y| = x^2 + C_1.$$

从而

$$y = \pm \mathrm{e}^{x^2 + C_1} = \pm \mathrm{e}^{C_1}\mathrm{e}^{x^2}.$$

因为 $\pm \mathrm{e}^{C_1}$ 仍是任意常数，把它记作 C，便得所给方程的通解

$$y = C\mathrm{e}^{x^2}.$$

例 5 铀的衰变速度与当时未衰变的原子的含量 M 成正比. 已知 $t = 0$ 时铀的含量为 M_0，求在衰变过程中铀含量 $M(t)$ 随时间 t 变化的规律.

解： 铀的衰变速度就是 $M(t)$ 对时间 t 的导数 $\dfrac{\mathrm{d}M}{\mathrm{d}t}$.

由于铀的衰变速度与其含量成正比，故得微分方程

$$\frac{\mathrm{d}M}{\mathrm{d}t} = -\lambda M,$$

其中，$\lambda(\lambda > 0)$ 是常数，λ 前的负号表示当 t 增加时 M 单调减小，即 $\dfrac{\mathrm{d}M}{\mathrm{d}t} < 0$.

由题意，初始条件为

$$M\big|_{t=0} = M_0.$$

将方程分离变量，得

$$\frac{\mathrm{d}M}{M} = -\lambda \mathrm{d}t.$$

两边积分，得

$$\int \frac{\mathrm{d}M}{M} = \int (-\lambda)\mathrm{d}t,$$

即 $\ln M = -\lambda t + \ln C$，也即 $M = C\mathrm{e}^{-\lambda t}$.

由初始条件，得 $M_0 = C\mathrm{e}^0 = C$，所以铀含量 $M(t)$ 随时间 t 变化的规律为 $M = M_0\mathrm{e}^{-\lambda t}$.

例 6 求微分方程 $\dfrac{\mathrm{d}y}{\mathrm{d}x} = 1 + x + y^2 + xy^2$ 的通解.

解： 方程可化为

$$\frac{\mathrm{d}y}{\mathrm{d}x} = (1 + x)(1 + y^2),$$

分离变量，得

$$\frac{1}{1+y^2}dy = (1+x)dx,$$

两边积分，得

$$\int \frac{1}{1+y^2}dy = \int (1+x)dx, \quad 即 \arctan y = \frac{1}{2}x^2 + x + C.$$

于是原方程的通解为 $y = \tan\left(\frac{1}{2}x^2 + x + C\right)$.

技巧点拨

解可分离变量的微分方程的步骤：

①把含 x 的函数与 dx 放在等式的右边，含 y 的函数与 dy 放在等式的左边；

②等式两边分别积分.

能力操练 3.2

一、填空题

1. 微分方程 $xy' + y = 0$ 满足初始条件 $y|_{x=1} = 2$ 的特解为 _____.

2. 微分方程 $y' = e^{x-y}$ 的通解是 _____.

3. 微分方程 $(1+y^2)dx - yx(1+x)dy = 0$ 的通解是 _____.

4. 微分方程 $xdy + 2ydx = 0$ 满足初始条件 $y|_{x=2} = 1$ 的特解为 _____.

二、求微分方程 $xydx + \sqrt{1-x^2}dy = 0$ 满足初始条件 $y|_{x=1} = e$ 的特解.

三、求微分方程 $\cos y dx + (1+e^{-x})\sin y dy = 0$ 的通解.

3.3 一阶线性微分方程

3.3.1 齐次方程

1. 齐次方程的定义

如果一阶微分方程 $\frac{dy}{dx} = f(x, y)$ 中的函数 $f(x, y)$ 可写成 $\frac{y}{x}$ 的形式，即 $f(x, y) = \varphi\left(\frac{y}{x}\right)$，则称该方程为齐次方程.

例7 下列方程哪些是齐次方程？

（1）$xy' - y - \sqrt{y^2 - x^2} = 0$ 是齐次方程. $\Rightarrow \frac{dy}{dx} = \frac{y + \sqrt{y^2 - x^2}}{x} \Rightarrow \frac{dy}{dx} = \frac{y}{x} + \sqrt{\left(\frac{y}{x}\right)^2 - 1}$.

（2）$\sqrt{1-x^2}y' = \sqrt{1-y^2}$ 不是齐次方程. $\Rightarrow \frac{dy}{dx} = \sqrt{\frac{1-y^2}{1-x^2}}$.

（3）$(x^2 + y^2)\mathrm{d}x - xy\mathrm{d}y = 0$ 是齐次方程. $\Rightarrow \dfrac{\mathrm{d}y}{\mathrm{d}x} = \dfrac{x^2 + y^2}{xy} \Rightarrow \dfrac{\mathrm{d}y}{\mathrm{d}x} = \dfrac{x}{y} + \dfrac{y}{x}$.

（4）$(2x + y - 4)\mathrm{d}x + (x + y - 1)\mathrm{d}y = 0$ 不是齐次方程. $\Rightarrow \dfrac{\mathrm{d}y}{\mathrm{d}x} = -\dfrac{2x + y - 4}{x + y - 1}$.

（5）$\left(2x\operatorname{sh}\dfrac{y}{x} + 3y\operatorname{ch}\dfrac{y}{x}\right)\mathrm{d}x - 3x\operatorname{ch}\dfrac{y}{x}\mathrm{d}y = 0$ 是齐次方程.

$$\Rightarrow \frac{\mathrm{d}y}{\mathrm{d}x} = \frac{2x\operatorname{sh}\dfrac{y}{x} + 3y\operatorname{ch}\dfrac{y}{x}}{3x\operatorname{ch}\dfrac{y}{x}} \Rightarrow \frac{\mathrm{d}y}{\mathrm{d}x} = \frac{2}{3}\operatorname{th}\frac{y}{x} + \frac{y}{x}.$$

2. 齐次方程的解法

在齐次方程 $\dfrac{\mathrm{d}y}{\mathrm{d}x} = \varphi\left(\dfrac{y}{x}\right)$ 中，令 $u = \dfrac{y}{x}$，即 $y = ux$，有

$$u + x\frac{\mathrm{d}u}{\mathrm{d}x} = \varphi(u).$$

分离变量，得

$$\frac{\mathrm{d}u}{\varphi(u) - u} = \frac{\mathrm{d}x}{x}.$$

对两端积分，得

$$\int \frac{\mathrm{d}u}{\varphi(u) - u} = \int \frac{\mathrm{d}x}{x}.$$

求出积分后，再用 $\dfrac{y}{x}$ 代替 u，便得所给齐次方程的通解.

例 8　解方程 $y^2 + x^2\dfrac{\mathrm{d}y}{\mathrm{d}x} = xy\dfrac{\mathrm{d}y}{\mathrm{d}x}$.

解： 原方程可写成

$$\frac{\mathrm{d}y}{\mathrm{d}x} = \frac{y^2}{xy - x^2} = \frac{\left(\dfrac{y}{x}\right)^2}{\dfrac{y}{x} - 1},$$

因此原方程是齐次方程. 令 $\dfrac{y}{x} = u$，则

$$y = ux, \quad \frac{\mathrm{d}y}{\mathrm{d}x} = u + x\frac{\mathrm{d}u}{\mathrm{d}x},$$

于是原方程变为

$$u + x\frac{\mathrm{d}u}{\mathrm{d}x} = \frac{u^2}{u - 1},$$

即

$$x\frac{\mathrm{d}u}{\mathrm{d}x} = \frac{u}{u - 1}.$$

分离变量，得

$$\left(1 - \frac{1}{u}\right)\mathrm{d}u = \frac{\mathrm{d}x}{x}.$$

对两边积分，得 $u - \ln|u| + C = \ln|x|$，或写成 $\ln|xu| = u + C$.

以 $\dfrac{y}{x}$ 代替上式中的 u，便得所给方程的通解

$$\ln|y| = \frac{y}{x} + C.$$

3.3.2 一阶线性微分方程

1. 定义

方程 $\dfrac{\mathrm{d}y}{\mathrm{d}x} + P(x)y = Q(x)$ 叫作一阶线性微分方程.

如果 $Q(x) \equiv 0$，则方程称为齐次线性微分方程，否则称方程为非齐次线性微分方程.

方程 $\dfrac{\mathrm{d}y}{\mathrm{d}x} + P(x)y = 0$ 称为对应于非齐次线性微分方程 $\dfrac{\mathrm{d}y}{\mathrm{d}x} + P(x)y = Q(x)$ 的齐次线性微分方程.

例9 下列方程各是什么类型方程？

（1）$(x-2)\dfrac{\mathrm{d}y}{\mathrm{d}x} = y \Rightarrow \dfrac{\mathrm{d}y}{\mathrm{d}x} - \dfrac{1}{x-2}y = 0$，是齐次线性微分方程.

（2）$3x^2 + 5x - 5y' = 0 \Rightarrow y' = 3x^2 + 5x$，是非齐次线性微分方程.

（3）$y' + y\cos x = \mathrm{e}^{-\sin x}$，是非齐次线性微分方程.

（4）$\dfrac{\mathrm{d}y}{\mathrm{d}x} = 10^{x+y}$，不是线性微分方程.

（5）$(y+1)^2 \dfrac{\mathrm{d}y}{\mathrm{d}x} + x^3 = 0 \Rightarrow \dfrac{\mathrm{d}y}{\mathrm{d}x} - \dfrac{x^3}{(y+1)^2} = 0$ 或 $\dfrac{\mathrm{d}x}{\mathrm{d}y} - \dfrac{(y+1)^2}{x^3} = 0$，不是线性微分方程.

2. 齐次线性微分方程的解法

齐次线性微分方程 $\dfrac{\mathrm{d}y}{\mathrm{d}x} + P(x)y = 0$ 是变量可分离方程，分离变量后得

$$\frac{\mathrm{d}y}{y} = -P(x)\mathrm{d}x,$$

对两边积分，得

$$\ln|y| = -\int P(x)\mathrm{d}x + C_1,$$

或

$$y = C\mathrm{e}^{-\int P(x)\mathrm{d}x} \quad (C = \pm\mathrm{e}^{C_1}).$$

这就是齐次线性微分方程的通解（积分中不再加任意常数）.

例10 求方程 $(x-2)\dfrac{\mathrm{d}y}{\mathrm{d}x} = y$ 的通解.

解： 这是齐次线性微分方程，分离变量得

$$\frac{\mathrm{d}y}{y} = \frac{\mathrm{d}x}{x-2},$$

对两边积分得

$$\ln|y| = \ln|x-2| + \ln C,$$

方程的通解为

$$y = C \ (x-2).$$

3. 非齐次线性微分方程的解法

将齐次线性微分方程通解中的常数换成 x 的未知函数 $C(x)$，把

$$y = C(x)\mathrm{e}^{-\int P(x)\mathrm{d}x}$$

设想成非齐次线性微分方程的通解，代入非齐次线性微分方程求得

$$C'(x)\mathrm{e}^{-\int P(x)\mathrm{d}x} - C(x)\mathrm{e}^{-\int P(x)\mathrm{d}x}P(x) + P(x)C(x)\mathrm{e}^{-\int P(x)\mathrm{d}x} = Q(x),$$

化简得

$$C'(x) = Q(x)\mathrm{e}^{\int P(x)\mathrm{d}x},$$

$$C(x) = \int Q(x)\mathrm{e}^{\int P(x)\mathrm{d}x}\mathrm{d}x + C.$$

于是非齐次线性方程的通解为

$$y = \mathrm{e}^{-\int P(x)\mathrm{d}x}\left[\int Q(x)\mathrm{e}^{\int P(x)\mathrm{d}x}\mathrm{d}x + C\right],$$

或

$$y = C\mathrm{e}^{-\int P(x)\mathrm{d}x} + \mathrm{e}^{-\int P(x)\mathrm{d}x}\int Q(x)\mathrm{e}^{\int P(x)\mathrm{d}x}\mathrm{d}x.$$

非齐次线性微分方程的通解等于对应的齐次线性微分方程通解与非齐次线性微分方程的一个特解之和.

例 11 求方程 $\dfrac{\mathrm{d}y}{\mathrm{d}x} - \dfrac{2y}{x+1} = (x+1)^{\frac{5}{2}}$ 的通解.

解： 这是一个非齐次线性微分方程.

先求对应的齐次线性微分方程 $\dfrac{\mathrm{d}y}{\mathrm{d}x} - \dfrac{2y}{x+1} = 0$ 的通解.

分离变量得

$$\frac{\mathrm{d}y}{y} = \frac{2\mathrm{d}x}{x+1},$$

对两边积分，得

$$\ln|\,y\,| = 2\ln|\,x+1\,| + \ln C.$$

齐次线性微分方程的通解为

$$y = C(x+1)^2.$$

用常数变易法，把 C 换成 $C(x)$，即令 $y = C(x) \cdot (x+1)^2$，代入所给非齐次线性微分方程，得

$$C'(x) \cdot (x+1)^2 + 2C(x) \cdot (x+1) - \frac{2}{x+1}C(x) \cdot (x+1)^2 = (x+1)^{\frac{5}{2}}$$

$$C'(x) = (x+1)^{\frac{1}{2}}.$$

对两边积分，得

$$C(x) = \frac{2}{3}(x+1)^{\frac{3}{2}} + C.$$

再把上式代入 $y = C(x)(x+1)^2$ 中，即得所求方程的通解为

$$y = (x + 1)^2 \left[\frac{2}{3} (x + 1)^{\frac{3}{2}} + C \right].$$

解法二： 这里 $P(x) = -\dfrac{2}{x + 1}$, $Q(x) = (x + 1)^{\frac{5}{2}}$.

因为
$$\int P(x) \, dx = \int \left(-\frac{2}{x + 1} \right) dx = -2\ln(x + 1),$$

$$e^{-\int P(x) dx} = e^{2\ln(x+1)} = (x + 1)^2,$$

$$\int Q(x) e^{\int P(x) dx} dx = \int (x + 1)^{\frac{5}{2}} (x + 1)^{-2} dx = \int (x + 1)^{\frac{1}{2}} dx = \frac{2}{3} (x + 1)^{\frac{3}{2}},$$

所以通解为

$$y = e^{-\int P(x) dx} \left[\int Q(x) e^{\int P(x) dx} dx + C \right] = (x + 1)^2 \left[\frac{2}{3} (x + 1)^{\frac{3}{2}} + C \right].$$

伯努利方程：方程 $\dfrac{dy}{dx} + P(x)y = Q(x)y^n$ $(n \neq 0, 1)$.

例 12 下列方程是什么类型方程？

(1) $\dfrac{dy}{dx} + \dfrac{1}{3}y = \dfrac{1}{3}(1 - 2x)y^4$, 是伯努利方程.

(2) $\dfrac{dy}{dx} = y + xy^5$, $\Rightarrow \dfrac{dy}{dx} - y = xy^5$, 是伯努利方程.

(3) $y' = \dfrac{x}{y} + \dfrac{y}{x}$, $\Rightarrow y' - \dfrac{1}{x}y = xy^{-1}$, 是伯努利方程.

(4) $\dfrac{dy}{dx} - 2xy = 4x$, 是线性微分方程，不是伯努利方程.

伯努利方程的解法：以 y^n 除方程的两边，得
$$y^{-n} \frac{dy}{dx} + P(x)y^{1-n} = Q(x)$$

令 $z = y^{1-n}$，得线性微分方程
$$\frac{dz}{dx} + (1 - n)P(x)z = (1 - n)Q(x).$$

例 13 求方程 $\dfrac{dy}{dx} + \dfrac{y}{x} - a(\ln x)y^2$ 的通解.

解： 以 y^2 除方程的两端，得
$$y^{-2} \frac{dy}{dx} + \frac{1}{x}y^{-1} = a\ln x,$$

即
$$-\frac{d(y^{-1})}{dx} + \frac{1}{x}y^{-1} = a\ln x.$$

令 $z = y^{-1}$，则上述方程转化为
$$\frac{dz}{dx} - \frac{1}{x}z = -a\ln x.$$

这是一个线性微分方程，它的通解为
$$z = x \left[C - \frac{a}{2} (\ln x)^2 \right].$$

以 y^{-1} 代 z，得所求方程的通解为

$$yx\left[C - \frac{a}{2}(\ln x)^2\right] = 1.$$

经过变量代换，某些方程可以转化为变量可分离的方程，或转化为已知其求解方法的方程.

例 14 解方程 $\dfrac{\mathrm{d}y}{\mathrm{d}x} = \dfrac{1}{x+y}$.

解：若将所给方程变形为

$$\frac{\mathrm{d}x}{\mathrm{d}y} = x + y,$$

即为一阶线性微分方程，则按一阶线性微分方程的解法可求得通解. 但这里用变量代换来解所给方程.

令 $x + y = u$，则原方程转化为

$$\frac{\mathrm{d}u}{\mathrm{d}x} - 1 = \frac{1}{u}, \quad 即 \frac{\mathrm{d}u}{\mathrm{d}x} = \frac{u+1}{u}.$$

分离变量，得

$$\frac{u}{u+1}\mathrm{d}u = \mathrm{d}x.$$

对两端积分得

$$u - \ln|u+1| = x - \ln|C|.$$

将 $u = x+y$ 代入上式，得

$$y - \ln|x+y+1| = -\ln|C|, \quad 或 \ x = Ce^y - y - 1.$$

🎧 **技巧点拨**

一阶齐次线性微分方程的通解为

$$y = Ce^{-\int P(x)\,\mathrm{d}x}$$

一阶线性非齐次微分方程的求解步骤：

① 先求出对应齐次微分方程的通解；

② 把齐次微分方程通解中的 C 换成未知函数 $C(x)$，即设非齐次微分方程的通解为 $y = C(x)\,e^{-\int p(x)\,\mathrm{d}x}$；

③把上式代入原方程中，求出 $C'(x)$，两边积分，得 $C(x)$.

④把 $C(x)$ 代入 $y = C(x)\,e^{-\int p(x)\,\mathrm{d}x}$，得到原方程的通解.

📅 **能力操练** 3.3

一、单项选择题

1. 下列微分方程是线性微分方程的是（　　）.

A. $y' + y^3 = 0$

B. $y' + y\cos y = x$

C. $\dfrac{\mathrm{d}y}{\mathrm{d}x} + xy + x^2 = 0$

D. $\dfrac{\mathrm{d}y}{\mathrm{d}x} - \cos y + y = x$

2. 微分方程 $\left(\dfrac{\mathrm{d}y}{\mathrm{d}x}\right)^3 + \dfrac{\mathrm{d}^2 y}{\mathrm{d}x^2} + y^4 + x^5 = 0$ 的阶数是 (　　).

A. 二　　　　　　　　B. 三　　　　C. 四　　　　　　　　D. 五

3. 下列微分方程中属于可分离变量微分方程的是 (　　).

A. $(xy^2 + x)\mathrm{d}x + (x^2 y - y)\mathrm{d}y = 0$　　　　B. $\dfrac{\mathrm{d}y}{\mathrm{d}x} = x^2 + y^2$

C. $x\mathrm{d}y + y\mathrm{d}x + 1 = 0$　　　　　　　　D. $\dfrac{\mathrm{d}y}{\mathrm{d}x} = x^3 - y^3$

4. 下列微分方程中属于二阶常系数非齐次线性微分方程的是 (　　).

A. $y'' - xy = \dfrac{\mathrm{d}y}{\mathrm{d}x}$　　　　　　　B. $\left(\dfrac{\mathrm{d}y}{\mathrm{d}x}\right)^2 + \sqrt{\dfrac{1-y}{1-x}} = 0$

C. $(y')^2 + y^2 = x^2$　　　　　　　　D. $\dfrac{\mathrm{d}^2 y}{\mathrm{d}x^2} + 3\dfrac{\mathrm{d}y}{\mathrm{d}x} = 2y - x^3$

5. $y_1(x)$ 是微分方程 $y' + P(x)y = Q(x)$ 的一个特解, C 是任意常数, 那么微分方程的通解是 (　　).

A. $y = y_1 + \mathrm{e}^{-\int P(x)\mathrm{d}x}$　　　　　　　B. $y = y_1 + C\mathrm{e}^{-\int P(x)\mathrm{d}x}$

C. $y = y_1 + \mathrm{e}^{-\int P(x)\mathrm{d}x} + C$　　　　　D. $y = y_1 + \mathrm{e}^{\int P(x)\mathrm{d}x}$

6. 微分方程 $xy' = y + x^3$ 的通解是 (　　).

A. $\dfrac{x^3}{4} + \dfrac{C}{x}$　　　　　　　　B. $\dfrac{x^3}{2} + Cx$

C. $\dfrac{x^3}{3} + C$　　　　　　　　D. $\dfrac{x^3}{4} + Cx$

二、计算题

1. 求下列可分离变量微分方程的通解.

(1) $(1 + y)\mathrm{d}x + (x - 1)\mathrm{d}y = 0$;　　　(2) $y' = \dfrac{x^3}{y^3}$;

(3) $\mathrm{d}y - y\sin^2 x\mathrm{d}x = 0$;　　　(4) $(1 + x^2)y' - y\ln y = 0$.

2. 求微分方程 $\dfrac{\mathrm{d}y}{\mathrm{d}x} + \dfrac{\mathrm{e}^{y^2 + 3x}}{y} = 0$ 的通解.

3. 求微分方程 $\dfrac{\mathrm{d}y}{\mathrm{d}x} - \dfrac{6}{x}y = -xy^2$ 的通解.

4. 求下列方程的通解或特解.

(1) 求 $y' + y = \mathrm{e}^{-x}$ 的通解;

(2) 求 $y' + \dfrac{2y}{y^2 - 6x} = 0$ 的通解;

(3) 求微分方程 $y' + y\cos x = \sin x\cos x$ 满足初始条件 $y\big|_{x=0} = 1$ 的特解.

3.4　可降阶的高阶微分方程

1. $y^{(n)} = f(x)$ 型的微分方程

解法: 积分 n 次.

$$y^{(n-1)} = \int f(x)\,\mathrm{d}x + C_1,$$

$$y^{(n-2)} = \int \left[\int f(x)\,\mathrm{d}x + C_1 \right] \mathrm{d}x + C_2,$$

….

例 15 求微分方程 $y''' = e^{2x} - \cos x$ 的通解.

解： 对所给微分方程接连积分三次，得

$$y'' = \frac{1}{2}e^{2x} - \sin x + C_1,$$

$$y' = \frac{1}{4}e^{2x} + \cos x + C_1 x + C_2,$$

$$y = \frac{1}{8}e^{2x} + \sin x + \frac{1}{2}C_1 x^2 + C_2 x + C_3,$$

这就是所给微分方程的通解.

2. $y'' = f(x, y')$ 型的微分方程

解： 设 $y' = p(x)$，有

$$y'' = p'(x) = \frac{\mathrm{d}p}{\mathrm{d}x}$$

原方程转化为

$$\frac{\mathrm{d}p}{\mathrm{d}x} = f(x, p)$$

这是关于变量 x，p 的一阶微分方程.

求出其通解 $\qquad p = \varphi(x, C_1)$

则有 $\qquad \dfrac{\mathrm{d}y}{\mathrm{d}x} = \varphi(x, C_1)$

两端积分，得到原方程的通解

$$y = \int \varphi(x, C_1)\,\mathrm{d}x + C_2.$$

例 16 求微分方程

$$(1+x^2)\ y'' = 2xy'$$

满足初始条件

$$y\big|_{x=0} = 1, \quad y'\big|_{x=0} = 3$$

的特解.

解： 所给微分方程是 $y'' = f(x, y')$ 型的. 设 $y' = p(x)$，代入方程并分离变量后，有

$$\frac{\mathrm{d}p}{p} = \frac{2x}{1+x^2}\mathrm{d}x.$$

对两边积分，得

$$\ln|p| = \ln(1+x^2) + C,$$

即 $\qquad p = y' = C_1\ (1+x^2)\ (C_1 = \pm e^C).$

由条件 $\qquad y'\big|_{x=0} = 3,\ 得\ C_1 = 3.$

所以 $$y' = 3\ (1+x^2).$$

对两边再积分，得 $$y = x^3 + 3x + C_2.$$

又由条件 $$y\big|_{x=0} = 1,\ 得\ C_2 = 1.$$

于是所求微分方程的特解为

$$y = x^3 + 3x + 1.$$

3. $y'' = f\ (y,\ y')$ 型的微分方程

解法：设 $y' = p(y)$，有

$$y'' = \frac{\mathrm{d}p}{\mathrm{d}x} = \frac{\mathrm{d}p}{\mathrm{d}y} \cdot \frac{\mathrm{d}y}{\mathrm{d}x} = p\frac{\mathrm{d}p}{\mathrm{d}y}.$$

原方程转化为

$$p\frac{\mathrm{d}p}{\mathrm{d}y} = f(y,\ p).$$

设方程 $p\dfrac{\mathrm{d}p}{\mathrm{d}y} = f(y,\ p)$ 的通解为 $y' = p = \varphi\ (y,\ C_1)$，则原方程的通解为

$$\int \frac{\mathrm{d}y}{\varphi(y,\ C_1)} = x + C_2.$$

例 17 求微分方程 $yy'' - (y')^2 = 0$ 的通解.

解：设 $y' = p(y)$，则原方程转化为

$$yp\frac{\mathrm{d}p}{\mathrm{d}y} - p^2 = 0,$$

当 $y \neq 0$，$p \neq 0$ 时，有

$$\frac{\mathrm{d}p}{\mathrm{d}y} - \frac{1}{y}p = 0,$$

于是 $$p = \mathrm{e}^{\int \frac{1}{y}\mathrm{d}y} = C_1 y,$$

即 $$y' - C_1 y = 0.$$

从而原方程的通解为

$$y = C_2 \mathrm{e}^{\int C_1 \mathrm{d}x} = C_2 \mathrm{e}^{C_1 x}.$$

 技巧点拨

可降阶的微分方程的解法及解的表达式见表 5-1.

表 5-1

方程类型	解法及解的表达式
$y^{(n)} = f(x)$	通解 $y = \underbrace{\int \cdots \int f(x)\ (\mathrm{d}x)^n}_{n次} + C_1 x^{n-1} + C_2 x^{n-2} + \cdots + C_{n-1}x + C_n$
$y'' = f(x,\ y')$	令 $y' = p(x)$，则 $y'' = p'$，原方程 $\Rightarrow$ $p' = f(x,\ p)$——一阶方程，设其解为 $p = g(x,\ C_1)$，即 $y' = g(x,\ C_1)$，则原方程的通解为 $y = \int g(x,\ C_1)\mathrm{d}x + C_2$

方程类型	解法及解的表达式
$y'' = f(y, y')$	令 $y' = p(y)$，把 p 看作 y 的函数，则 $y'' = \dfrac{\mathrm{d}p}{\mathrm{d}x} = \dfrac{\mathrm{d}p}{\mathrm{d}y} \cdot \dfrac{\mathrm{d}y}{\mathrm{d}x} = p\dfrac{\mathrm{d}p}{\mathrm{d}y}$. 把 y'，y'' 的表达式代入原方程，得 $\dfrac{\mathrm{d}p}{\mathrm{d}y} = \dfrac{1}{p}f(y, p)$ —— 一阶方程， 设其解为 $p = g(y, C_1)$，即 $\dfrac{\mathrm{d}y}{\mathrm{d}x}g(y, C_1)$，则原方程的通解为 $$\int \dfrac{\mathrm{d}y}{g(y, C_1)} = x + C_2$$

能力操练 3.4

一、求下列各微分方程的通解.

1. $y'' = x + \sin x$;

2. $y'' - y' = x$;

3. $yy'' + (y')^2 = y'$;

4. $y''(1 + e^x) + y' = 0$.

二、求下列各微分方程满足所给初始条件的特解.

1. $2y'' = \sin 2x$，$y\big|_{x=0} = \dfrac{\pi}{2}$，$y'\big|_{x=0} = 1$.

2. $y'' - a(y')^2 = 0$，$y\big|_{x=0}$，$y'\big|_{x=0} = -1$.

三、函数 $f(x)$ 在区间 $[0, \infty]$ 内二阶导函数连续且 $f(1) = 2$，以及 $f'(x) - \dfrac{f(x)}{x} - \int_1^x \dfrac{f(t)}{t^2}\mathrm{d}t = 0$，求 $f(x)$.

四、一物体质量为 m，以初速度 v_o 从一斜面上滑下，若斜面的倾角为 α，摩擦系数为 u，试求物体在斜面上滑动的距离与时间的函数关系.

3.5 二阶线性微分方程

1. 相关概念和定理

形如

$$y'' + P(x)y' + Q(x)y = f(x) \tag{1}$$

的方程称为**二阶线性微分方程**.

当 $f(x) \equiv 0$ 时，方程（1）转化为

$$y'' + P(x)y' + Q(x)y = 0 \tag{2}$$

方程（2）称为二阶齐次线性微分方程.

当 $f(x)$ 不等于 0 时，方程（1）称为二阶非齐次线性微分方程.

当 $P(x)$，$Q(x)$ 分别为常数 p，q 时，方程

$$y'' + py' + qy = 0 \tag{3}$$

称为**二阶常系数齐次线性微分方程**. 方程

$$y'' + py' + qy = f(x) \tag{4}$$

称为二阶常系数非齐次线性微分方程.

定理 1：如果 y_1 和 y_2 是方程（2）的两个解，那么，

$$y = C_1 y_1 + C_2 y_2 \qquad (5)$$

也是方程（2）的解，其中 C_1 和 C_2 为任意常数.

定义 如果 $\dfrac{y_2}{y_1} = k$（k 为常数，$y_1 \neq 0$），那么称 y_1 与 y_2 线性相关；如果 $\dfrac{y_2}{y_1} \neq k$（k 为常数，$y_1 \neq 0$），那么称 y_1 与 y_2 线性无关.

定理 2：如果 y_1 与 y_2 是方程（2）的两个线性无关的特解，那么

$$y = C_1 y_1 + C_2 y_2$$

就是方程（2）的通解，其中 C_1 和 C_2 为任意常数.

2. 通解的特征

二阶常系数齐次线性微分方程的通解形式与微分方程对应的特征方程的特征根的情况见表 5-2.

表 5-2

特征方程 $r^2 + pr + q = 0$	特征根	通解形式
	r_1 和 r_2 为不相同的实根	$y = C_1 e^{r_1 x} + C_2 e^{r_2 x}$
	r_1 和 r_2 为相同的实根 r	$y = (C_1 + C_2 x) e^{r x}$
	$r_1 = \alpha + \beta i,\ r_2 = \alpha - \beta i$	$y = e^{\alpha x}(C_1 \cos\beta x + C_2 \sin\beta x)$

二阶常系数非齐次线性微分方程的通解形式为 $y = Y + \bar{y}$. 其中，Y 为方程对应的齐次微分方程的通解，$\bar{y}$ 为方程的一个特解. $\bar{y}$ 的形式见表 5-3.

表 5-3

$f(x)$ 的形式	特解 $\bar{y}$ 的形式
$f(x) = p_n(x)$	当 $q \neq 0$ 时，$\bar{y} = Q_n(x)$； 当 $q = 0, p \neq 0$ 时，$\bar{y} = Q_{n+1}(x)$
$f(x) = e^{r x}$	当 r 不是特征根时，$\bar{y} = A e^{r x}$； 当 r 是特征根，但不是重根时，$\bar{y} = A x e^{r x}$； 当 r 是特征根，且为重根时，$\bar{y} = A x^2 e^{r x}$
$f(x) = a\cos\omega x + b\sin\omega x$	当 $\pm \omega i$ 不是特征根时，$\bar{y} = A\cos\omega x + B\sin\omega x$； 当 $\pm \omega i$ 是特征根时，$\bar{y} = x(A\cos\omega x + B\sin\omega x)$

例 18 求微分方程 $y'' - 2y' - 3y = 0$ 的通解.

解： 所给微分方程的特征方程为

$$r^2 - 2r - 3 = 0,\ 即 (r + 1)(r - 3) = 0.$$

其根 $r_1 = -1$，$r_2 = 3$ 是两个不相等的实根，因此所求通解为

$$y = C_1 e^{-x} + C_2 e^{3x}.$$

例 19 求微分方程 $y'' + 2y' + y = 0$ 满足初始条件 $y|_{x=0} = 4$，$y'|_{x=0} = -2$ 的特解.

解： 所给方程的特征方程为

$$r^2 + 2r + 1 = 0, \quad 即 (r+1)^2 = 0.$$

其根 $r_1 = r_2 = -1$ 是两个相等的实根，因此所给微分方程的通解为

$$y = (C_1 + C_2 x)e^{-x}.$$

将条件 $y|_{x=0} = 4$ 代入通解，得 $C_1 = 4$，从而

$$y = (4 + C_2 x)e^{-x}.$$

将上式对 x 求导，得

$$y' = (C_2 - 4 - C_2 x)e^{-x}.$$

再把条件 $y'|_{x=0} = -2$ 代入上式，得 $C_2 = 2$. 于是所求特解为

$$x = (4 + 2x)e^{-x}.$$

例 20 求微分方程 $y'' - 2y' + 5y = 0$ 的通解.

解： 所给微分方程的特征方程为

$$r^2 - 2r + 5 = 0.$$

特征方程的根为 $r_1 = 1 + 2i$，$r_2 = 1 - 2i$，是一对共轭复根，因此所求通解为

$$y = e^x(C_1\cos 2x + C_2\sin 2x).$$

技巧点拨

(1) 二阶齐次线性微分方程 $y'' + p(x)y' + q(x)y = 0$；
二阶非齐次线性微分方程 $y'' + p(x)y' + q(x)y = f(x)$.

(2) 注意特征方程根的三种不同情形对应方程通解的三种形式.

(3) 由二阶线性微分方程的性质可推广到高阶线性微分方程.

能力操练 3.5

一、选择题

1. 方程 $y'' - 6y' + 9y = (x+1)e^{3x}$ 的一个特解形式为 (   ).

A. $(Ax + B)e^{3x}$ 　　　　　　　　　　B. $x(Ax + B)e^{3x}$

C. $x^2(Ax + B)e^{3x}$ 　　　　　　　　D. $(x+1)e^{3x}$

2. 以 $y_1 = \cos x$，$y_2 = \sin x$ 为二阶常系数齐次线性微分方程的解，那么这个方程是 (   ).

A. $y'' - y = 0$ 　　　　　　　　　　　B. $y'' + y' = 0$

C. $y'' - y' = 0$ 　　　　　　　　　　D. $y'' + y = 0$

3. 微分方程 $xy' = y + x^3$ 的通解是 (   ).

A. $\dfrac{x^3}{4} + \dfrac{C}{x}$ 　　　　　　　　　B. $\dfrac{x^3}{2} + Cx$

C. $\dfrac{x^3}{3} + C$ 　　　　　　　　　　D. $\dfrac{x^3}{4} + Cx$

4. 方程 $y'' - 2y' - 3y = f(x)$ 的一个特解为 $\bar{y}$，那么它的通解为 (   ).

A. $y = C_1 e^{-x} + C_2 e^{3x} + \bar{y}$ 　　　　B. $y = C_1 e^{-x} + C_2 e^{3x}$

C. $y = C_1 x e^{-x} + C_2 e^{3x} + \bar{y}$ D. $y = C_1 e^{-x} + C_2 e^{-3x} + \bar{y}$

5. 微分方程 $y'' + 3y' - 18y = x^2 e^{3x}$ 的特解形式是（   ）.

A. $ax^2 e^{3x}$ B. $ax^4 e^{3x}$

C. $x(ax^2 + bx + c) e^{3x}$ D. $x^2 (ax^2 + bx + c) e^{3x}$

二、求下列微分方程的通解或特解

1. 求微分方程 $y'' - 5y' - 6y = 0$ 的通解.

2. 求微分方程 $y'' + 6y' + 9y = 0$ 的通解.

3. 求微分方程 $y'' + 4y' + 5y = 0$ 的通解.

4. 求微分方程 $y'' - 4y' + 3y = 0$ 满足初始条件 $y|_{x=0} = 6$，$y'|_{x=0} = 10$ 的特解.

5. 求微分方程 $y'' + y = x^2 + 1$ 的一个特解.

3.6 拨开云雾见微分方程

例 21 假定一个雪球是半径为 r 的球，其融化时体积的变化率与雪球的表面积成正比，比例常数为 k（$k>0$，与空气温度等有关），已知两小时内雪球融化了体积的四分之一，问其余部分在多长时间内融化完.

解： 假设在融化过程中雪球保持球形不变，设雪球的半径为 r，则其体积为 V，表面积为 S，V 和 S 均为时间 t 的可微函数. 此外，假设雪球体积的衰减率和雪球表面的面积呈正比. 至此得到微分方程为

$$\frac{dV}{dt} = -kS, \quad (k > 0).$$

根据上述假设，比例因子 k 是常数，负号表示体积是不断缩小的，它依赖于很多因素，诸如周围空气的温度和湿度及是否有阳光等.

已知在最前面的两个小时里雪球被融化掉 $\frac{1}{4}$ 的体积，所示 $V = \frac{4}{3}\pi r^3$，$S = 4\pi r^2$，从而得到如下微分方程

$$4\pi r^2 \frac{dr}{dt} = -k 4\pi r^2.$$

> 注：由于融化现象发生在雪球的表面，故改变表面积的大小也能改变雪球的融化速度.

化简整理得微分方程

$$\frac{dr}{dt} = -k.$$

解微分方程，得 $r(t) = r_0 - kt$. 于是得 $r(2) = r_0 - 2k$，其中记 $r_0 = r|_{t=0}$.

又因为 $V(2) = \frac{3}{4} V_0 = \frac{3}{4} \cdot \frac{4}{3} \pi r_0^3 = \pi r_0^3,$

所以有 $\frac{4}{3}\pi (r_0 - 2k)^3 = \pi r_0^3.$

解得 $k = \frac{1}{2}\left(1 - \sqrt[3]{\frac{3}{4}}\right) r_0.$

所以得到半径与时间的关系式为 $r(t) = r_0 - \dfrac{1}{2}\left(1 - \sqrt[3]{\dfrac{3}{4}}\right)r_0 t$.

最后令 $r = 0$, 解得 $t \approx 22$.

这说明, 如果在前两小时里有 $\dfrac{1}{4}$ 体积的雪球被融化掉, 那么融化掉其余部分雪球所需时间约为 22 小时.

当然, 我们也可以研究其他类型的问题, 如有多少冰块在运输过程中被丢失掉、要多少时间才能把冰转化成可用的水等, 都有待于做进一步的探讨.

例 22 在公路交通事故的现场, 常会发现事故车辆的车轮底部留有一段拖痕, 这是紧急刹车后制动片抱紧制动箍使车轮停止了转动, 由于惯性作用, 车轮在地面上摩擦滑动留下的. 如果在现场测得拖痕的长度为 10m, 现场地面与车轮的摩擦系数 $\lambda = 1.02$ (此系数由路面质地、车轮与地面接触面积等因素决定), 那么事故车辆在刹车前的速度大约是多少?

解: 设拖痕所在的直线为 x 轴, 并令拖痕的起点为原点, 车辆的滑动位移为 x, 滑动速度为 v.

当 $t = 0$ 时, $x = 0$, $v = v_0$;

当 $t = t_1$ 时 (t_1 是车辆停止时间), $x = 10$, $v = 0$.

假设在车轮滑动过程中只受到摩擦力 f, 由牛顿第二定律 $F_合 = ma$, 列出微分方程:

$$m\left(\frac{\mathrm{d}^2 x}{\mathrm{d} t^2}\right) = -\lambda m g.$$

就是加速度 a

解微分方程, 得 $x(t) = -\dfrac{\lambda g}{2}t^2 + v_0 t$.

将 $x = 10$, $v = 0$ 代入得 $v_0 = \sqrt{20\lambda g} \approx 50.9\text{km/h}$. 这是车辆开始滑动时的初速度, 而实际上在车辆开始滑动之前有一个滚动减速的过程, 因此车辆在刹车之前的速度要远大于 50.9km/h.

第四部分 学力训练

4.1 单元基础过关检测

一、填空题

1. 微分方程 $y'' - 4y = \mathrm{e}^{2x}$ 的通解为_____.

2. 微分方程 $xy'' + 3y' = 0$ 的通解为_____.

3. 已知 $y_1 = \mathrm{e}^{x^2}$ 及 $y_2 = x\mathrm{e}^{x^2}$ 是微分方程 $y'' + p(x)y' + q(x)y = 0$ 的解 (其中 $p(x)$ 和 $q(x)$ 都是已知的连续函数), 则该方程的通解为_____.

二、选择题

1. 函数 $y = C_1\mathrm{e}^{2x+C_2}$ (C_1 和 C_2 为任意常数) 是方程 $y'' - y' - 2y = 0$ 的 (   ).

A. 通解   B. 特解

C. 不是解   D. 是解，既不是通解，又不是特解

2. 方程 $(2x - y)\mathrm{d}y = (5x + 4y)\mathrm{d}x$ 是（   ）．

A. 一阶线性齐次方程   B. 一阶线性非齐次方程

C. 齐次方程   D. 可分离变量的方程

3. 微分方程 $y'' - y = \mathrm{e}^x + 1$ 的一个特解应具有（   ）形式（式中 a 和 b 为常数）．

A. $a\mathrm{e}^x + b$ B. $ax\mathrm{e}^x + b$

C. $a\mathrm{e}^x + bx$ D. $ax\mathrm{e}^x + bx$

4. 设线性无关的函数 y_1，y_2，y_3 都是二阶非齐次微分方程 $y'' + p(x)y' + q(x)y = f(x)$ 的解，C_1 和 C_2 为任意常数，则该非齐次微分方程的通解是（   ）．

A. $C_1 y_1 + C_2 y_2 + y_3$ B. $C_1 y_1 + C_2 y_2 - (C_1 + C_2)y_3$

C. $C_1 y_1 + C_2 y_2 - (1 - C_1 - C_2)y_3$ D. $C_1 y_1 + C_2 y_2 + (1 - C_1 - C_2)y_3$

三、求下列微分方程的通解

1. $xy' + y = 2$；   2. $\dfrac{\mathrm{d}y}{\mathrm{d}x} = \dfrac{xy}{2\ln y}$；

3. $y\dfrac{\mathrm{d}y}{\mathrm{d}x} = y^2 - 2x$；   4. $y'' + 4y = 0$．

四、求下列微分方程满足初值条件的特解

1. $\dfrac{\mathrm{d}y}{\mathrm{d}x} = y^2\cos x$，$y\big|_{x=0} = 1$．

2. $xy' + y = \sin x$，$y\big|_{x=\pi} = 1$．

3. $4y'' + 4y' + y = 0$，$y\big|_{x=0} = 2$，$y'\big|_{x=0} = 0$．

4. $y'' - 2(y')^2 = 0$，$y\big|_{x=0} = 0$，$y'\big|_{x=0} = -1$．

4.2 单元拓展探究练习

1. 一粒质量为 20g 的子弹以速度 $v_0 = 200$（m/s）打进一块厚度为 10cm 的木板，然后穿过木板以速度 $v_1 = 80$（m/s）离开木板．若该木板对子弹的阻力与运动速度的平方成正比（比例系数为 k），求子弹穿过木板的时间．

2. 侦察机搜索潜艇．设 $t = 0$ 时潜艇在 O 点，飞机在 A 点，$OA = 6\mathrm{km}$．此时潜艇潜入水中并沿着飞机不知道的某一方向以直线形式逃去，潜艇速度为 20km/h，飞机以速度 40km/h 按照待定的航线搜索潜艇，当且仅当飞机飞到潜艇的正上方时才可发现它．

（1）以 O 点为原点建立极坐标系 (r, θ)，A 点位于 $\theta = 0$ 的向径上，见图 5-9．分析图中由 P、Q、R 组成的小三角形，证明在有限时间内飞机一定可以搜索到潜艇的航线，是先从 A 点沿直线飞到某点 P_0，再从 P_0 点沿一条对数螺线飞行一周，而 P_0 点是一个圆周上的任一点．给出对数

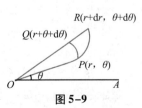

图 5-9

螺线的表达式，并画出一条航线的示意图（图5-9）.

（2）为了使整条航线是光滑的，直线段应与对数螺线在 P_0 点相切，找出这条光滑的航线；

（3）在所有一定可以发现潜艇的航线中哪一条航线最短，长度是多少，光滑航线的长度又是多少？

第五部分　服务驿站

5.1　软件服务——微分方程的计算

5.1.1　实验目的

（1）学会用 Matlab 求简单微分方程的解析解.

（2）学会用 Matlab 求微分方程的数值解.

5.1.2　实验过程

（1）求简单微分方程的通解；

（2）求简单微分方程的特解；

（3）画出函数的图形（作图类的一道题）；

（4）会求微分方程的数值解.

5.1.3　动一动：实际操练

1. 求解常微分方程的通解

命令格式：dsolve（'方程'，'自变量'）

注：在表示微分方程时，用字母 D 表示求微分，用 D2 和 D3 等表示求高阶微分. D 后所跟的字母为因变量，自变量可以指定或由系统规则选定为默认.

例23　解微分方程：$\dfrac{\mathrm{d}y}{\mathrm{d}t} = 1 + y^2$.

输入命令：

dsolve（'Dy=1+y^2'，'t'）

输出结果：

y=tan（t+C）

例24　求 $\dfrac{\mathrm{d}y}{\mathrm{d}t} = 1 + y - t$ 的通解.

输入命令：

dsolve（'Dy=1+y–t'，'t'）

输出结果：

y（t）=t+Ce^t

2. 求常微分方程的特解

命令格式：dsolve（'方程'，'初始条件'，'自变量'）

例 25 求方程 $y'' = y$ 满足初始条件 $y|_{x-0} = 2$，$y'|_{x-0} = 1$ 的特解.

输入命令：

dsolve（'D2y = y'，'y（0）= 2，Dy（0）= 1'，'x'）

输出结果：

$$y（x）= \frac{1}{2} e^{-x}（1 + 3e^{2x}）$$

例 26 求微分方程 $y'' + 4y' + 12y = 0$ 满足初始条件 $y|_{x=0} = 0$，$y'|_{x=0} = 5$ 的特解.

输入命令：

dsolve（'D2y + 4 * Dy + 12 * y = 0'，'y（0）= 0，Dy（0）= 5'，'x'）

输出结果：

$$y（x）= \frac{5\sqrt{2}}{4} \sin（2\sqrt{2} x）e^{-2x}$$

3. 求常微分方程的数值解

在生产和科研中所处理的微分方程往往很复杂且大多得不出一般解. 而对于实际的初值问题，一般是要求得到解在若干个点上满足规定精确度的近似值，或者得到一个满足精确度要求的便于计算的表达式.

命令格式：[t，y] = solver（'f'，ts，y0，options）

其中，t 是自变量，y 是未知函数，solver 为 ode45、ode23、ode113，'f'是针对待解方程的 M 文件名，ts 是求解区间，y0 是初值.

例 27 利用 Matlab 绘制函数图形.

$$\begin{cases} \dfrac{d^2 x}{dt^2} - 1000（1 - x^2）\dfrac{dx}{dt} - x = 0 \\ x（0）= 2，x'（0）= 0 \end{cases}$$

令 $y_1 = x$，$y_2 = y_1$，则微分方程转化为一阶微分方程组：

$$\begin{cases} y_1' = y_2 \\ y_2' = 1000（1 - y_1^2）y_2 - y_1 \\ y_1（0）= 2，y_2（0）= 0 \end{cases}$$

（1）建立 M-文件 vdp1000. m，如下：

Function dy = vdp1000（t，y）

dy = zero（2，1）

dy（1）= y（2）

dy（2）= 1000 *（1 - y（1）^2）* y（2）- y（1）；

（2）取 $t_0 = 0$，$t_f = 300$，输入命令：

[T，Y] = ode15s（'vdp1000'，[0 3000]，[2 0]）；

plot（T，Y（:，1），'-'）

输出结果：如图 5-10 所示.

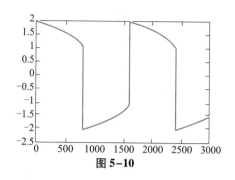

图 5-10

（3）绘制函数的图形.

①绘制二维曲线.

命令格式：plot（x，y，′颜色+线型+点型′，…）

②绘制三维曲线

命令格式：plot3（x，y，z，′颜色+线型+点型′，…）

5.1.4 实验任务

用 Matlab 软件计算下列方程：

（1）$\mathrm{d}y - y\sin x\mathrm{d}x = 0$.

（2）$y' - y = 2x$.

（3）$y'' - 2y' + y = 0$.

（4）$xy' - y = 0$，$y|_{x=1} = 2$.

（5）$y'' - 4y' + 3y = 0$，$y|_{x=0} = 6$，$y'|_{x=0} = 0$.

（6）$\begin{cases} \dfrac{\mathrm{d}^2 y}{\mathrm{d}t^2} - \mu(1 - y^2) + y = 0 \\ y(0) = 1,\ y'(0) = 0 \end{cases}$.

5-7 发射登月体模型

5-8 饮酒驾车问题模型

5.2 基础建模服务

例 28 【刑事案件中死亡时间的鉴定】

某地发生一起谋杀案，警察下午 16：00 到达现场，法医测得尸体温度是 30℃，室温是 20℃，已知尸体在最初 2 小时内降低 2℃，估计谋杀发生的时间.

1. 模型假设与变量说明

（1）假设尸体的温度按牛顿冷却定律开始下降，即尸体冷却的速度与尸体温度和空气温度之差成正比.

（2）假设尸体的最初温度为 37℃，且周围空气的温度保持 20℃不变.

（3）假设尸体被发现时温度是 30℃，时间是下午 16：00 点整.

（4）假设尸体的温度为 $u(t)$（t 从谋杀时计）.

2. 模型的分析与建立

由于尸体的冷却速度 $\dfrac{\mathrm{d}u}{\mathrm{d}t}$ 与尸体温度 $u(t)$ 和空气温度之差成正比，设比例系数

为 k（$k>0$ 为常数），则有

$$\begin{cases} \dfrac{\mathrm{d}u(t)}{\mathrm{d}t} = -k(u-20) \\ u(0) = 37 \end{cases}$$

3. 模型求解

求通解：$u(t) = 20 + Ce^{-kt}$.

把初始条件 $u(0) = 37$ 代入通解，得到 $u(t) = 20 + 17e^{-kt}$.

再把 $u(2) = 35$ 代入，求出 $k \approx 0.063$.

所以得到尸体温度函数为 $u(t) = 20 + 17e^{-0.063t}$.

再将 $u = 30℃$ 代入得到 $t \approx 8.5$.

练习：【人口问题】英国人口学家 Malthus 于 1798 年提出了人口指数增长模型. 他的假设是：单位时间内人口的增长量与当时的人口总数成正比，此模型被称为 Malthus 模型.

（1）请写出 Malthus 模型方程.

（2）根据我国国家统计局统计数据，1981 年人口数据为 10.007 亿，人口年平均增长率为 14.55‰，若今后的年增长率保持这个数字，试用 Malthus 模型预报 1985 年、1990 年、2000 年我国的人口总数.

（3）讨论此模型预测与实际数据（1981—2000 年人口数据表见表 5-4）的出入，以及如何修正此模型.

表 5-4 （单位：亿）

年份	1981	1982	1983	1984	1985	1986	1987	1988	1989	1990
统计	10.007	10.165	10.301	10.436	10.585	10.751	10.93	11.103	11.27	11.433
增长率/‰	14.55	15.68	13.29	13.08	14.26	15.57	16.61	15.73	15.04	14.39
年份	1991	1992	1993	1994	1995	1996	1997	1998	1999	2000
统计	11.58	11.71	11.85	11.985	12，112	12.24	12.363	12.476	12.579	12.674
增长率/‰	12.98	11.6	11.45	11.21	10.55	11.21	10.06	9.14	8.18	7.58

5.3 重要技能备忘录

（1）若 $y' = p(y)$，则 $y'' = p\dfrac{\mathrm{d}p}{\mathrm{d}x}$；若 $u = \dfrac{y}{x}$，则 $\dfrac{\mathrm{d}y}{\mathrm{d}x} = u + x\dfrac{\mathrm{d}u}{\mathrm{d}x}$.

（2）一阶微分方程及其解法，其一般形式为 $y' = F(x, y)$.

（3）可分离变量的方程，化为形如 $g(y)\mathrm{d}y = f(x)\mathrm{d}x$，即 $\int g(y)\mathrm{d}y = \int f(x)\mathrm{d}x$，得到 $G(y) = F(x) + C$.

（4）一阶线性微分方程，形如 $\dfrac{\mathrm{d}y}{\mathrm{d}x} + P(x)y = Q(x)$，其中 $Q(x)$ 为自由项.

①若 $Q(x) = 0$，为一阶线性齐次微分方程，其通解为 $y = Ce^{-\int P(x)dx}$．

②若 $Q(x) \neq 0$，为一阶线性非齐次微分方程，其通解为

$$y = \left[\int Q(x) e^{\int P(x)dx} dx + C \right] e^{-\int P(x)dx}.$$

（5）可降阶的高阶微分方程的情况有：

① $y^{(m)} = f(x)$ 型的微分方程，则 $y^{m-1} = \int f(x)dx + C$．

② $y'' = f(x, y')$ 型的微分方程，设 $y' = p(x)$，则 $y'' = p'$．

③ $y'' = f(y, y')$ 型的微分方程，设 $y' = p(y)$，则 $y'' = p\dfrac{dp}{dy}$．

（6）二阶常系数齐次线性微分方程的解法．

一般形式为 $y'' + py' + qy = 0$，特征方程 $r^2 + pr + q = 0$，其特征方程根和通解见表 5-5.

表 5-5

特征方程的根 r_1, r_2	方程 $y'' + py' + qy = 0$ 的通解
两个不相等的实数根 r_1, r_2	$y = C_1 e^{r_1 x} + C_2 e^{r_2 x}$
两个相等的实数根 $r_1 = r_2$	$y = C_1 e^{rx} + C_2 x e^{rx}$
一对共轭虚根 $r = a \pm i\beta$	$y = e^{ax}(C_1 \cos\beta x + C_2 \sin\beta x)$

（7）二阶常系数非齐次线性微分方程的解法．

一般形式为 $y'' + py' + qy = f(x)$，其通解为 $y = Y + y^*$，其中 Y 是对应齐次微分方程的通解，而 y^* 为方程的特解．

（1）$f(x) = e^{\lambda x} P(x)$，其特解可设为 $y^* = x^k Q(x) e^{\lambda x}$，

$$k = \begin{cases} 0, \ \lambda \text{ 不是特征根，可设 } y^* = Q(x)e^{\lambda x} \\ 1, \ \lambda \text{ 是特征单根，可设 } y^* = xQ(x)e^{\lambda x} \\ 2, \ \lambda \text{ 是特征重根，可设 } y^* = x^2 Q(x)e^{\lambda x} \end{cases}.$$

（2）$f(x) = e^{ax} P_m(x) \cos\beta x$（或者 $f(x) = f(x) e^{ax} P_m(x) \sin\beta x$），其中 α 和 β 为实数，$P_m(x)$ 为次多项式．

此时，可以令 $\lambda = a + i\beta$，仍然用上述方法求解．

"E" 随行

自主检测五

一、填空题

1. 方程 $\left(\dfrac{dy}{dx}\right)^4 + y^3 + x = 0$ 的阶数为_____．

2. 微分方程 $\dfrac{dy}{dx} = 2xy$ 的通解是_____．

3. 微分方程 $y' = e^{2x-y}$ 满足初始条件 $y\big|_{x=0} = 0$ 的特解是_____.

4. 微分方程 $xy' = y + x\cos^2\dfrac{y}{x}$ 的通解是_____.

5. 做变速直线运动的物体在任一时刻的加速度 $a = t^{\frac{3}{2}}$，该物体的运动规律 $s(t)$ 满足的微分方程是_____.

6. 一条曲线过原点，且它每一点处的切线斜率等于 $2x + y$，则该曲线的方程是_____.

7. 微分方程 $y'' - 2y' - 3y = 0$ 的特征根是_____，通解是_____.

8. 若 $r_1 = 0$，$r_2 = -1$ 是二阶常系数线性齐次微分方程的特征根，则该方程的通解是_____.

二、单项选择题

1. 在下列函数中是微分方程 $y'' + y = 0$ 的解的函数是（　　）.

A. $y = 1$　　　　　B. $y = x$　　　　　C. $y = \sin x$　　　　　D. $y = e^x$

2. 方程 $y' + x^2 y + \cos x = 0$ 是（　　）.

A. 一阶非线性方程　　　　　　B. 一阶线性方程

C. 超越方程　　　　　　D. 二阶线性方程

3. 微分方程 $\dfrac{dy}{dx} - \dfrac{y}{x} = 0$ 的通解是（　　）.

A. $y = \dfrac{C}{x}$　　　　　　B. $y = Cx$

C. $y = \dfrac{1}{x} + C$　　　　　　D. $y = x + C$

4. 下列方程中，不是可分离变量的方程是（　　）.

A. $y' = \dfrac{1 + y^2}{xy + x^3 y}$　　　　　　B. $y' = \sqrt{\dfrac{y^2 - 1}{x^2 - 1}}$

C. $y' + 2xy = x$　　　　　　D. $xy' + y = 2\sqrt{x}$

5. 方程 $x + y - 2 + (1 - x)y' = 0$ 是（　　）.

A. 可分离变量微分方程

B. 一阶齐次微分方程

C. 一阶线性齐次微分方程

D. 一阶线性非齐次微分方程

6. 已知 $r_1 = 0$，$r_2 = 4$ 是微分方程 $y'' + py' + qy = 0$ 的特征根，则该微分方程是（　　）.

A. $y'' + 4y' = 0$　　　　　　B. $y'' - 4y' = 0$

C. $y'' + 4y = 0$　　　　　　D. $y'' - 4y = 0$

7. 微分方程 $y'' + y = 3\sin x + 4\cos x$ 的特解形式为（　　）.

A. $a\cos x + b\sin x$　　　　　　B. $x(a\cos x + b\sin x)$

C. $x^2(a\cos x + b\sin x)$　　　　　　D. $x^3(a\cos x + b\sin x)$

8. 具有形如 $y = (C_1 + C_2 x)e^{ax}$ 通解的微分方程是（　　　）.

A. $y'' + 8y' + 16y = 0$　　　　　B. $y'' - 4y' - 4y = 0$

C. $y'' - 6y' + 8y = 0$　　　　　D. $y'' - 3y' + 2y = 0$

三、计算题

1. 求下列微分方程的通解.

（1）$\mathrm{d}y - y\sin 2x \mathrm{d}x = 0$；　　　　（2）$y' = 2x$；

（3）$y' = 2xy$；　　　　（4）$y'' - 4y' + 3y = 0$；

（5）$y' + y = e^x$；　　　　（6）$y'' + y = 0$.

2. 求下列微分方程的特解.

（1）$xy' - y = 0$，$y\big|_{x=1} = 2$.

（2）$y' = e^{2x-y}$，$y\big|_{x=0} = 0$.

（3）$2y'' - 2\sqrt{6}y' + 3y = 0$，$y\big|_{x=0} = 0$，$y'\big|_{x=0} = 1$.

四、解决问题

将 $100\,℃$ 的物体放在 $20\,℃$ 的房间里，经过 20 分钟，测得温度已降到 $60\,℃$．问：还需要多长时间温度降到 $30\,℃$？

提示：物体的冷却速度与物体温度和环境温度之差成正比.

5.4　学习资源服务——常微分方程简介

常微分方程是伴随着微积分发展起来的，微积分是它的母体，生产生活实践是它生命的源泉．常微分方程的历史大约有三百多年，它诞生于数学与自然科学（物理学、力学等）进行崭新结合的 16 与 17 世纪，它是莱布尼兹首先在一封书信中提出的，成长于生产实践和数学的发展进程，表现出强大的生命力和活力，蕴含着丰富的数学思想和方法.

由于物质运动和它的变化规律在数学上是用函数关系来描述的，因此，这类问题就是要去寻求满足某些条件的一个或者几个未知函数．也就是说，凡是这类问题都不是简单地去求一个或者几个固定不变的数值，而是求一个或者几个未知的函数．解这类问题的基本思想和初等数学解方程的基本思想很相似，也是要把研究的问题中已知函数和未知函数之间的关系找出来，从列出的包含未知函数的一个或几个方程中去求得未知函数的表达式．但是无论在方程的形式、求解的具体方法、求出解的性质等方面，都和初等数学中的解方程有许多不同的地方．在数学上，解这类方程，要用到微分和导数的知识．因此，凡是表示未知函数的导数及自变量之间的关系的方程，就叫作微分方程.

微分方程差不多是和微积分同时产生的，苏格兰数学家耐普尔创立对数的时候，就讨论过微分方程的近似解．牛顿在建立微积分的同时，对简单的微分方程用级数来求解．后来瑞士数学家雅各布·伯努利、欧拉，法国数学家克雷洛、达朗贝尔、拉格朗日等人又不断地研究和丰富了微分方程的理论.

常微分方程的形成与发展是和力学、天文学、物理学，以及其他科学技术的发展密切相关的．数学的其他分支的新发展，如复变函数、组合拓扑学等，都对常微分方程的发展产生了深刻的影响，当前计算机的发展更是为常微分方程的应用及理论研究提供了非常有力的工具．

牛顿研究天体力学和机械力学的时候，利用了微分方程这个工具，从理论上得到了行星运动规律．后来，法国天文学家勒维烈和英国天文学家亚当斯使用微分方程各自计算出那时尚未发现的海王星的位置．这些都使数学家更加深信微分方程在认识自然、改造自然方面的巨大力量．

随着微分方程的理论得到逐步完善，利用它就可以精确地表述事物变化所遵循的基本规律，而简单易行的计算法则使它成为绝大多数应用领域的有力支撑工具，因此微分方程也就成了最有生命力的数学分支．

参考文献

［1］吴赣昌. 高等数学（理工类）. 北京：中国人民大学出版社，2011.

［2］侯风波. 高等数学. 北京：机械工业出版社，1997.

［3］卢自娟，高爱民. MATLAB 在工程数学中的应用. 北京：石油工业出版社，2014.

［4］卓金武. MATLAB 在数学建模中的应用. 北京：北京航空航天大学出版社，2014.

［5］刘兰明，张莉，杨建法. 高等应用数学基础. 北京：高等教育出版社，2018.

［6］石山平，大上丈彦. 7 天搞定微积分. 李巧丽，译. 海南：南海出版公司，2014.

［7］C. 亚当斯，J. 哈斯，A. 汤普森. 微积分之屠龙宝刀. 张菽，译. 湖南：湖南科学技术出版社，2010.

［8］同济大学数学系. 高等数学（第六版）. 北京：高等出版社，2007.